U0390692

普通高等教育"十三五"规划教材

Access 数据库技术与应用

安晓飞　罗　旭
周　颖　黄志丹　编著

科学出版社

北　京

内 容 简 介

本书根据教育部考试中心《全国计算机等级考试二级 Access 数据库程序设计考试大纲》编写,以 Microsoft Access 2010 为平台,以例题的形式,系统介绍 Access 数据库对象的主要功能和使用方法。本书共分 7 章,主要内容包括数据库基础、数据库和表、查询、窗体、报表、宏和 VBA 编程。本书重点突出、概念清晰、实例丰富,注重实践应用,注重对学生实践能力的培养。

本书可作为高等学校非计算机专业数据库设计与应用课程的教材,也可作为全国计算机等级考试二级 Access 数据库程序设计的辅导教材。

图书在版编目(CIP)数据

Access 数据库技术与应用/安晓飞等编著. —北京:科学出版社,2017.12
(普通高等教育"十三五"规划教材)
ISBN 978-7-03-056181-7

Ⅰ. ①A⋯ Ⅱ. ①安⋯ Ⅲ. ①关系数据库系统-高等学校-教材
Ⅳ. ①TP311.138

中国版本图书馆 CIP 数据核字(2017)第 320444 号

责任编辑:宋 丽 袁星星 / 责任校对:陶丽荣
责任印制:吕春珉 / 封面设计:东方人华平面设计部

科学出版社 出版
北京东黄城根北街 16 号
邮政编码:100717
http://www.sciencep.com

北京中科印刷有限公司印刷
科学出版社发行 各地新华书店经销
*

2017 年 12 月第 一 版 开本:787×1092 1/16
2020 年 1 月第三次印刷 印张:17
字数:395 000
定价:43.00 元
(如有印装质量问题,我社负责调换〈中科〉)

销售部电话 010-62136230 编辑部电话 010-62135397-2047

前　言

　　数据库技术是一门研究数据管理的技术，主要研究如何高效存储、使用和管理数据。随着信息技术和网络技术的发展，数据库技术在各个领域得到广泛应用。Access 2010 是微软公司发布的 Office 办公软件的一个重要组成部分，主要用于数据库管理。Access 采用可视化、面向对象的程序设计方法，大大简化了应用系统的开发过程。Access 提供了表生成器、查询生成器、宏生成器和报表设计器等许多可视化的操作工具，以及数据库向导、表向导、查询向导、窗体向导、报表向导等多种向导，可以更加高效、便捷地完成各种中小型数据库系统的开发和管理工作。

　　本书从实际教学需求出发，从基本概念和操作入手，精心设计教学案例，合理安排知识结构，内容由浅入深、循序渐进。考虑到高等院校学生参加全国计算机等级考试的需要，本书内容覆盖了《全国计算机等级考试大纲二级 Access 数据库程序设计考试大纲》规定的内容。在具体内容介绍和教学安排上采用案例教学方式，即首先根据知识点给出例题，然后讲解实现题目要求的过程和方法。书中所有例题讲解清晰，操作步骤详细，再现性好，方便学生课后复习和自学。

　　为方便上机练习和备考，读者可参看本书的配套教材《Access 数据库技术与应用实训》（黄志丹，周颖，罗旭，安晓飞，科学出版社），配套教材分为实验篇和考试篇两部分。

　　本书由安晓飞、罗旭、周颖、黄志丹编著。第 1、4 章由黄志丹编写，第 2、3 章由安晓飞编写，第 5、6 章由周颖编写，第 7 章和附录由罗旭编写，全书由安晓飞统稿。

　　为方便教师教学和学生学习，本书提供了配套的多媒体电子课件和所有案例的相关素材，若有需要，请与编者（anxiaofei2004@163.com）联系。

　　由于编者水平有限，经验不够丰富，书中难免有疏漏和不足之处，敬请广大读者批评指正。

编　者

2017 年 10 月

目　　录

第1章 数据库基础

数据库技术产生于 20 世纪 60 年代末、70 年代初，它的出现使计算机应用进入了一个崭新的时期。数据库是计算机的重要技术之一，是计算机软件的一个独立分支，它是建立管理信息系统的核心技术。数据库技术和网络技术相互渗透、相互促进，已成为当前计算机理论和应用中发展极为迅速、应用非常广泛的两大领域。本章主要介绍数据库的基本概念和基本理论，并结合 Access 2010 介绍与关系数据库相关的基础知识和基本概念。

1.1 数据库的基本概念

数据库技术是一门综合学科，涉及操作系统、数据结构、算法设计、程序设计和数据管理等多方面知识。它的不断发展使得人们可以科学地组织、存储数据，并高效地获取和处理数据。随着网络技术、多媒体技术的不断发展，数据库技术在各个领域得到广泛应用。

1.1.1 数据库系统

数据库系统是当今计算机系统的重要组成部分。下面介绍数据库系统的基本概念。

1. 基本概念

1）数据

数据（Data）是信息的符号表示。在计算机内部，所有信息均采用 0 和 1 进行编码。在数据库技术中，数据的含义更加广泛，不仅包括数字，还包括文字、图形、图像、声音和视频等多种数据，它们分别表示不同类型的信息。

数据具有一定的结构，包含类型和值两个属性，数据的类型表示数据的性质和特征；数据的值表示数据具体的量度，如整型数据"123"、字符型数据"数据库基础"等。

2）数据库

数据库（Database，DB）是长期存储在计算机内的、有组织的、可共享的数据集合。数据库中的数据按一定的数据模型组织、描述和存储，具有较小的冗余度、较高的数据独立性和易扩展性，可被各种用户共享。

3）数据库管理系统

数据库管理系统（Database Management System，DBMS）是用户与数据库之间的接口，是负责数据库的建立、使用、维护和管理的系统软件，是数据库系统的核心。

典型的数据库管理系统有 Microsoft SQL Server、Microsoft Access、Microsoft FoxPro、Oracle 和 Sybase 等。

数据库管理系统有以下功能：

（1）数据模式定义。数据库管理系统负责为数据库构建数据模式。

（2）数据存取的物理构建。数据库管理系统负责为数据模式的物理存取及构建提供有效的存储方法和手段。

（3）数据操纵。数据库管理系统负责支持用户使用数据库中的数据。

（4）数据完整性、安全性的定义与检查。数据库管理系统负责检查和维护数据整体意义上的关联性和一致性，以保证数据正确，负责检查和维护数据共享时的安全性。

（5）数据库的并发控制与故障恢复。多个应用程序对数据库进行并发操作时，数据库管理系统负责控制和管理这些操作，以保证数据不受到破坏。

（6）数据的服务。数据库管理系统提供对数据库中数据的多种操作，如数据复制、转存、重组、性能监测和分析等。

4）数据库管理员

数据库管理员（Database Administrator，DBA）是负责数据库的规划、设计、维护、监视等的专门技术人员。

5）数据库系统

数据库系统（Database System，DBS）由数据库、数据库管理系统、数据库管理员、硬件平台和软件平台等构成，是以数据库为核心的完整的运行实体，其中，硬件平台包括计算机和网络，软件平台包括操作系统（如 Windows、UNIX 等）、系统开发工具（如 C++、Visud Basic 等）及接口软件（如 ODBC、JDBC 等）。

6）数据库应用系统

数据库应用系统（Database Application System，DBAS）是由数据库系统、应用程序系统和用户组成的，具体包括数据库、数据库管理系统、数据库管理员、硬件平台、软件平台、应用软件和应用界面。

2. 数据库系统的特点

1）数据的高共享性与低冗余性

数据的集成性使得数据可为多个应用程序所共享，数据的共享本身又可减少数据的冗余性。

数据冗余是指一种数据存在多个相同的副本。数据库系统可以大大减少数据冗余，提高数据使用效率，不仅省去了不必要的存储空间，还可以避免数据的不一致性。

2）数据结构化

在数据库系统中采用统一的数据结构将一个系统中各种应用程序所需要的数据集中起来，统一规划、设计和管理，形成面向全局的数据体系，这种结构由数据库管理系统所支持的数据模型表现出来。数据库系统不仅可以表示事物内部各数据项之间的联系，而且可以表示事物与事物之间的联系，从而反映出现实世界事物之间的联系。因此，任何数据库管理系统都支持一种抽象的数据模型。

3）具有较高的数据独立性

数据独立性是指数据与应用程序互不依赖，即数据的逻辑结构、存储结构与存取方式的改变不会影响应用程序。

数据独立性一般分为逻辑独立性和物理独立性两种。

（1）逻辑独立性是指数据库逻辑结构改变时（如改变数据模型、增加新的数据结构、修改数据间的联系等），不影响应用程序，即应用程序不需修改仍可继续正常运行。

（2）物理独立性是指数据库物理结构改变时（包括存储结构的改变、存储设备的更换、存取方式的改变等），不影响数据库的逻辑结构，也不会引起应用程序的改动。

4）具有统一的数据管理与控制功能

数据库系统为数据库提供了统一的管理手段，主要包括数据的安全性控制、完整性控制、并发访问控制等。

（1）数据安全性控制。数据安全性遭到破坏是指信息系统中出现用户看到了不该看的数据、修改了无权修改的数据、删除了不能删除的数据等现象。数据库系统设置了一整套安全保护措施，只有合法用户才能进行指定权限的操作。数据安全控制可以保护数据库，防止用户对数据库进行非法操作，避免引起数据丢失、泄露和破坏。

（2）数据完整性控制。数据的完整性控制是指数据库系统提供了一种可以保证系统中数据的正确性、有效性和相容性的机制，以防止不符合系统语义要求的数据输入系统或者输出系统。此外，当计算机系统发生故障而破坏了数据或对数据的操作发生错误时，系统能提供相应机制，将数据恢复到正确状态。

（3）数据的并发访问控制。当多个用户的并发进程同时存取、修改数据库时，可能会相互干扰而得到错误的结果，并使数据库的完整性遭到破坏。因此，必须对多用户的并发操作予以控制和协调。

（4）数据的恢复。数据的恢复是通过记录数据库运行的日志文件和定期做数据备份工作，保证当数据库中的数据由于种种原因（如系统故障、介质故障和计算机病毒等）遭到破坏导致错误，或者部分甚至全部丢失时，系统有能力将数据库恢复到最近某个时刻的一个正确状态。

1.1.2　数据模型

数据模型（Data Model）是数据特征的抽象。模型（Model）是对现实世界的抽象。数据模型从抽象层次上描述了系统的静态特征、动态行为和约束条件，为数据库系统的信息表示与操作提供了一个抽象的框架。数据模型描述的内容包括数据结构、数据操作和数据约束三部分。

数据模型按不同的应用层次可分成三种类型，分别是概念数据模型、逻辑数据模型和物理数据模型。

1. 概念数据模型

概念数据模型（Conceptual Data Model）是一种面向用户、面向客观世界的模型，主要用来描述世界的概念化结构，它使数据库的设计人员在设计的初始阶段摆脱计算机系统及数据管理系统的具体技术问题，集中精力分析数据与数据之间的联系等，与具体的数据管理系统无关。概念数据模型必须转换成逻辑数据模型，才能在数据管理系统中实现。

概念数据模型用于信息世界的建模，一方面应该具有较强的语义表达能力，能够方便、直接表达应用中的各种语义知识；另一方面还应该简单、清晰，便于用户理解。

在概念数据模型中，常用的有E-R 模型（实体-联系模型）、扩充的 E-R 模型、面向对象模型及谓词模型。

在概念数据模型中主要有以下几个基本概念。

1）实体与实体集

实体是指客观存在并且可以相互区别的事物。实体可以是人，也可以是物；可以是实际的对象，如学生、课程、读者，也可以是比较抽象的事物，如学生选课、借阅图书等。

具有共同性质的同类实体组成的集合称为实体集，如教师集、城市集等。

2）属性

实体所固有的特征和特性称为属性。一个实体可以有若干个属性，如学生实体可以用学号、姓名、性别和出生日期等属性描述。每个实体的每个属性都有一个值，如某一学生的各属性值可描述为17010001、王欣、女、1999-10-11。

3）联系

实体之间的对应关系称为实体间的联系，具体是指一个实体集中可能出现的每一个实体与另一个实体集中多少个具体实体之间存在联系，实体之间的联系可分为以下三类：

（1）一对一联系。如果实体集 A 中的每一个实体只与实体集 B 中的一个实体相联系，反之亦然，则实体集 A 和实体集 B 之间是一对一联系（1∶1）。

例如，学校和正校长之间的联系，一个学校只能有一个正校长，一个校长只能在一个学校任职。

（2）一对多联系。如果实体集 A 中的每一个实体，在实体集 B 中都有多个实体与之对应；实体集 B 中的每一个实体，在实体集 A 中只有一个实体与之对应，则称实体集 A 与实体集 B 之间是一对多联系（1∶M）。

例如，学校和学生之间的联系，一所学校有许多学生，而一个学生只能就读于一所学校。

（3）多对多联系。如果实体集 A 中的每一个实体，在实体集 B 中都有多个实体与之对应，反之亦然，则实体集 A 和实体集 B 之间是多对多联系（M∶N）。

例如，学生和课程之间的联系，一个学生可以选多门课程，一门课程可以被多个学生选修。

2. 用 E-R 方法表示概念数据模型

概念数据模型的表示方法很多，其中最著名的是 E-R 方法（Entity-Relations，实体-联系方法），它用 E-R 图来描述现实世界的概念数据模型。E-R 图的主要组成是实体集、属性和联系。

1）实体集

实体集用矩形表示，矩形框内标注实体集的名称。

2）属性

实体属性用椭圆表示，椭圆内标注属性的名称，用无向线段将属性与其所对应的实体集连接。

3）联系

实体集之间的联系用菱形表示，菱形框内标注联系的名称，用无向线段将构成联系的各个实体连接，并在连线上标注联系的类型，用无向线段将联系和其属性连接。

【例 1.1】学生选课的数据包括学生和课程两个实体集。学生包括学号、姓名、性别和民族等属性，课程包括课程号、课程名、学时和学分等属性。学生和课程两个实体集通过选课相互联系。根据 E-R 图的表示方法建立的数据模型如图 1-1 所示。

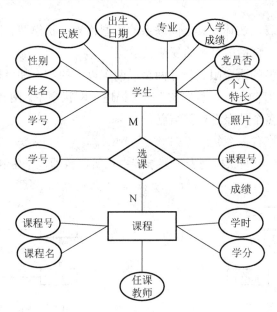

图 1-1 学生选修课程 E-R 图

3. 逻辑数据模型

逻辑数据模型（Logical Data Model）是一种面向数据库系统的模型，是具体的数据库管理系统所支持的数据模型，如网状数据模型（Network Data Model）、层次数据模型（Hierarchical Data Model）等。此模型既要面向用户，又要面向系统，主要用于数据库管理系统（DBMS）的实现。

E-R 图所表示的是客观世界数据的概念数据模型，利用数据库技术进行数据处理时，还应该将概念数据模型转换成逻辑数据模型，使数据可以在数据库中进行表示。目前被广泛使用的逻辑数据模型有层次模型、网状模型和关系模型三种。

1）层次模型

用树形结构来表示实体及其之间联系的模型称为层次模型。层次模型层次分明、结构简单，可以方便地表示一对多的联系，但不能直接表示实体之间多对多的复杂联系。

层次模型是数据库系统最早使用的一种模型，它的数据结构是一棵"有向树"。层次模型具有如下特征：

（1）有且仅有一个结点没有父结点，该结点称为根结点。

（2）其他结点有且仅有一个父结点。

层次模型结构清晰，各结点之间联系简单，只要知道每个结点的父结点，就可以得到整个模型结构。因此，画层次模型时可用无向边代替有向边。

图 1-2 所示为某大学行政组织机构的层次模型，即一个大学可以设立多个学院，一个学院可以包括多个系所等，这些实体之间的关系构成了一个层次模型。

2）网状模型

利用网状结构来表示实体及其之间联系的模型称为网状模型。网状模型可以直接表示实体间的各种联系，包括多对多的复杂联系。

如果取消层次模型的两个限制，即两个或两个以上的结点都可以有多个父结点，则"有向树"就变成了"有向图"。"有向图"结构描述了网状模型。网状模型具有如下特征：

（1）可以有任意多个结点没有父结点。

（2）一个结点允许有多个父结点。

图 1-3 所示为一个用网状模型表示某学校中系所、教师、学生和课程之间的联系。

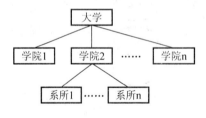

图 1-2　层次结构数据模型

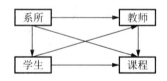

图 1-3　网状结构数据模型

3）关系模型

关系模型是采用二维表来表示数据及关系的逻辑结构。二维表由表框架及表的元组组成。表框架由 n 个命名的属性组成，表框架对应了关系的模式。如表 1-1 所示，学生信息表就是利用一张二维表将各个实体数据及其间的联系进行了组织和描述，这种数据的逻辑结构就属于关系模型，这张二维表就可以称为一个关系。

表 1-1　学生表信息

学号	姓名	性别	民族	出生日期	专业	入学成绩
17010001	王欣	女	汉族	1999/10/11	外语	525
17010002	张小芳	女	苗族	2000/7/10	外语	510
17010003	杨永丰	男	汉族	1998/12/15	外语	508

4. 物理数据模型

物理数据模型（Physical Data Model）是一种面向计算机物理表示的模型，它描述了数据在储存介质上的组织结构。它不仅与具体的数据库管理系统有关，而且与操作系统和硬件有关。每一种逻辑数据模型在实现时都有其对应的物理数据模型。数据库管理系统为了保证其独立性和可移植性，大部分物理数据模型的实现工作由系统自动完成，而设计者只设计索引、聚集等特殊结构。

1.2 关系数据库

关系数据库是 E.F.Codd 在 20 世纪 70 年代提出的数据库模型，自 20 世纪 80 年代以来，新推出的数据库管理系统绝大部分支持关系数据库模型。Microsoft Access 是一种典型的关系数据库管理系统。

1.2.1 关系数据模型

用二维表的形式表示实体和实体间联系的数据模型称为关系模型。

1. 关系模式

一个关系就是一个二维表，每个关系都有一个关系名称。对关系的描述称为关系模式，一个关系模式对应一个关系的结构，其表示格式如下：

关系名(属性名 1,属性名 2,…,属性名 n)

图 1-4 所示为 Access 中的一个学生信息表，该表保存了学生的学号、姓名、性别、民族、出生日期和专业等信息，其关系模式可以表示为

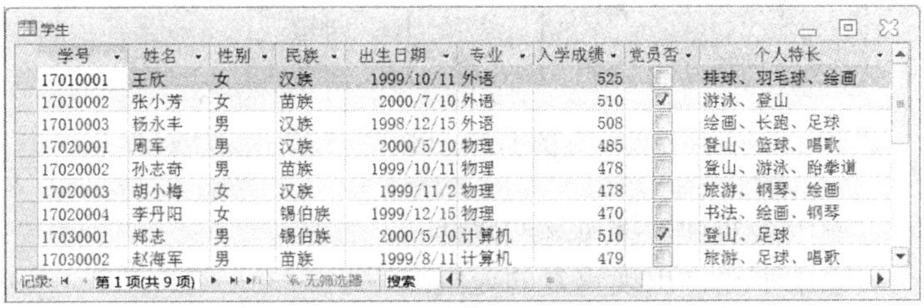

学生(学号,姓名,性别,民族,出生日期,专业,入学成绩,党员否,个人特长)

图 1-4 学生信息表

2. 术语

1）元组

在一个关系（二维表）中，每一行称为一个元组。一个关系可以包含若干个元组，但不允许有完全相同的元组。

在 Access 中，一个元组称为一条记录。

2）属性

关系中的列称为属性。每一列都有一个属性名，在同一个关系中不允许有重复的属性名。

在 Access 中，属性称为字段，一条记录可以包含多个字段。

3）域

域是指属性的取值范围。例如，"学生"表的"学号"字段为 8 位数字字符串，"性别"字段只能是"男"或"女"。合理定义属性的值域，可以提高数据表操作的效率。

4）键

键也称为关键字，由一个或多个属性组成，用于唯一标示一条记录。例如，学生中的"学号"字段可以区别表中的各条记录，所以"学号"字段可作为关键字使用。一个关系中可能存在多个关键字，用于标示记录的关键字称为主关键字（也称为主键）。

在 Access 中，关键字由一个或多个字段组成。表中的主键可以唯一标示一条记录。

5）外键

如果关系中的一个属性不是当前关系的主键，但它是另外一个关系的主键，则该属性称为外键，也称为外部关键字。

3. 关系的基本特点

关系模型就是一个二维表，它要求关系必须具有如下特点。

（1）规范化。一个关系的每个属性必须是不可再分的，即不允许表中含表。如图 1-5 所示，成绩又分为物理、外语、计算机三项，这是一个复合表，不是二维表，因而不能用于表示关系。

学号	姓名	成绩		
		物理	外语	计算机
17010001	张欣	85	93	77

图 1-5　复合表

（2）同一个关系中不允许出现重复的属性。

（3）同一个关系中不允许出现重复的元组。

（4）关系中交换元组的顺序不影响元组中数据的具体意义。

（5）关系中交换属性的顺序不影响元组中数据的具体意义。

1.2.2　关系代数

关系代数是一种抽象的查询语言，它利用关系的运算来表达查询。关系代数的操作对象是以关系为基本单位的一组集合运算，每一种运算都是以一个或多个关系为运算对象，运算结果仍然是一个关系。

关系代数运算主要分为两类：一类是传统的集合运算，包括并、交、差和笛卡儿积；另一类是专门的关系运算，包括选择、投影、连接和除。

1. 传统的集合运算

传统的集合运算将关系看成元组的集合，其运算是从关系的"水平"方向即行的角度来进行的。传统的集合运算包括并运算（∪）、交运算（∩）、差运算（−）和笛卡儿积（×）。

1）并运算

已知两个关系 R 和 S 具有相同的属性集，则并运算（Union）的结果是由关系 R、S 中所有不同的元组构成的关系，记作 R∪S。并运算可以理解为将 R 和 S 两个关系的元组合并到一个关系中，然后删除完全相同的元组，剩余元组组成的关系就是关系 R 和 S 并运算的结果。

已知关系 R（R 班课程表）和关系 S（S 班课程表）如表 1-2 和表 1-3 所示。

表 1-2 关系 R（R 班课程表）

上课时间	上课地点	课程名称
周一（上午）	汇文楼 305	管理学
周二（下午）	信息楼 203	英语
周三（上午）	博文楼 101	概率
周三（下午）	信息楼 103	计算机
周四（上午）	博文楼 209	高等数学

表 1-3 关系 S（S 班课程表）

上课时间	上课地点	课程名称
周一（上午）	软件楼 104	数据结构
周二（上午）	汇文楼 208	教育学
周二（下午）	信息楼 203	英语
周三（下午）	信息楼 103	计算机
周四（上午）	博文楼 209	高等数学
周五（上午）	博文楼 201	程序设计

R∪S 的结果如表 1-4 所示，结果为两个班级开设的全部课程。

表 1-4 关系 R∪S

上课时间	上课地点	课程名称
周一（上午）	汇文楼 305	管理学
周二（下午）	信息楼 203	英语
周三（上午）	博文楼 101	概率
周三（下午）	信息楼 103	计算机
周四（上午）	博文楼 209	高等数学
周一（上午）	软件楼 104	数据结构
周二（上午）	汇文楼 208	教育学
周五（上午）	博文楼 201	程序设计

2）交运算

已知两个关系 R 和 S 具有相同的属性集，则交运算（Intersection）的结果是由既属于关系 R 的元组，又属于关系 S 的元组构成的关系，记作 R∩S。

已知关系 R（R 班课程表）和关系 S（S 班课程表）如表 1-2 和表 1-3 所示，R∩S 的结果如表 1-5 所示，结果为两个班级共同上课的课程。

表 1-5   关系 R∩S

上课时间	上课地点	课程名称
周二（下午）	信息楼 203	英语
周三（下午）	信息楼 103	计算机
周四（上午）	博文楼 209	高等数学

3）差运算

已知两个关系 R 和 S 具有相同的属性集，则差运算（Difference）的结果是由属于关系 R 但不属于关系 S 的元组构成的关系，记作 R-S。

已知关系 R（R 班课程表）和关系 S（S 班课程表）如表 1-2 和表 1-3 所示，R-S 和 S-R 的结果如表 1-6 和表 1-7 所示。R-S 的结果为 R 班与 S 班开设的不同课程；S-R 的结果为 S 班与 R 班开设的不同课程。

表 1-6   关系 R-S

上课时间	上课地点	课程名称
周一（上午）	汇文楼 305	管理学
周三（上午）	博文楼 101	概率

表 1-7   关系 S-R

上课时间	上课地点	课程名称
周一（上午）	软件楼 104	数据结构
周二（上午）	汇文楼 208	教育学
周五（上午）	博文楼 201	程序设计

4）笛卡儿积运算

已知关系 R 具有 m 个属性和 p 个元组，关系 S 具有 n 个属性和 q 个元组，R 与 S 的笛卡儿积运算（Cartesian Product）记为 R×S，它的结果是一个具有 m+n 个属性的关系，元组个数为 p×q。

已知关系 R（学生表）和关系 S（课程表）如表 1-8 和表 1-9 所示。

表 1-8   关系 R（学生表）

学号	姓名
17010001	王欣
17010002	张小芳
17010003	杨永丰

表 1-9　关系 S（课程表）

课程号	课程名	任课教师
001	大学计算机基础	230001
004	大学体育	250001

R×S 的结果如表 1-10 所示，结果为学生选课情况的所有可能性。

表 1-10　关系 R×S

学号	姓名	课程号	课程名	任课教师
17010001	王欣	001	大学计算机基础	230001
17010001	王欣	004	大学体育	250001
17010002	张小芳	001	大学计算机基础	230001
17010002	张小芳	004	大学体育	250001
17010003	杨永丰	001	大学计算机基础	230001
17010003	杨永丰	004	大学体育	250001

2. 专门的关系运算

针对数据库环境而专门设计的关系运算有选择运算（σ）、投影运算（π）、连接运算（∞）和除运算（$\div$）。

1）选择运算

选择运算（Selection）是在关系 R 中选择满足条件的元组并组成新的关系，记作 $\sigma_F(R)$。其中，F 为筛选条件，它是一个逻辑表达式，由逻辑运算符－（逻辑非）、$\wedge$（逻辑与）、$\vee$（逻辑或）和比较运算符>、>=、<、<=、=、<>（不等于）组成。属性名也可以用其序号来表示。

【例 1.2】在关系 R（学生表）中筛选出女生数据。学生表数据如表 1-11 所示。

表 1-11　关系 R（学生表）

学号	姓名	性别	民族	出生日期	专业	入学成绩
17010001	王欣	女	汉族	1999/10/11	外语	525
17010002	张小芳	女	苗族	2000/7/10	外语	510
17010003	杨永丰	男	汉族	1998/12/15	外语	508
17020001	周军	男	汉族	2000/5/10	物理	485
17020002	孙志奇	男	苗族	1999/10/11	物理	478
17020003	胡小梅	女	汉族	1999/11/2	物理	478
17020004	李丹阳	女	锡伯族	1999/12/15	物理	470
17030001	郑志	男	锡伯族	2000/5/10	计算机	510
17030002	赵海军	男	苗族	1999/8/11	计算机	479

选择运算表达式为

$$\sigma_{性别="女"}(学生) 或 \sigma_{3="女"}(学生)$$

结果如表 1-12 所示。

表 1-12　$\sigma_{性别="女"}$(学生)运算结果

学号	姓名	性别	民族	出生日期	专业	入学成绩
17010001	王欣	女	汉族	1999/10/11	外语	525
17010002	张小芳	女	苗族	2000/7/10	外语	510
17020003	胡小梅	女	汉族	1999/11/2	物理	478
17020004	李丹阳	女	锡伯族	1999/12/15	物理	470

【例 1.3】在关系 R（学生表）中筛选出入学成绩大于 500 的女生数据。

选择运算表达式为

$$\sigma_{性别="女" \wedge 入学成绩>500}(学生) \quad 或 \sigma_{3="女" \wedge 7>500}(学生)$$

结果如表 1-13 所示。

表 1-13　$\sigma_{性别="女" \wedge 入学成绩>500}$(学生)运算结果

学号	姓名	性别	民族	出生日期	专业	入学成绩
17010001	王欣	女	汉族	1999/10/11	外语	525
17010002	张小芳	女	苗族	2000/7/10	外语	510

2）投影运算

投影运算（Projection）是在关系 R 中选择出若干属性组成新的关系，并去掉重复的元组，记作 $\pi_A(R)$。其中，A 为关系 R 的属性列表，各属性之间用逗号（英文半角）分隔。属性名也可以用其序号来表示。

【例 1.4】对关系 R（学生表）进行投影运算，结果显示学生的"学号""姓名""性别""民族""专业"。

投影运算表达式为

$$\pi_{学号,姓名,性别,民族,专业}(学生) \quad 或 \pi_{1,2,3,4,6}(学生)$$

结果如表 1-14 所示。

表 1-14　$\pi_{学号,姓名,性别,民族,专业}$(学生)运算结果

学号	姓名	性别	民族	专业
17010001	王欣	女	汉族	外语
17010002	张小芳	女	苗族	外语
17010003	杨永丰	男	汉族	外语
17020001	周军	男	汉族	物理
17020002	孙志奇	男	苗族	物理
17020003	胡小梅	女	汉族	物理
17020004	李丹阳	女	锡伯族	物理
17030001	郑志	男	锡伯族	计算机
17030002	赵海军	男	苗族	计算机

【例 1.5】对关系 R（学生表）进行投影运算，查询学生表中都有哪些专业。

投影运算表达式为

$$\pi_{专业}(学生) \quad 或 \pi_6(学生)$$

结果如表 1-15 所示。

表 1-15　π_{专业}(学生)运算结果

专业
外语
物理
计算机

3）连接运算

连接运算（Join）是从两个关系 R 和 S 的笛卡儿积中选取属性间满足条件的元组并组成新的关系，记作 R ⊳⊲ S，其中，F 是选择条件。

连接与笛卡儿积的区别：笛卡儿积是关系 R 和 S 所有元组的组合，而连接是关系 R 和 S 的笛卡儿积中满足条件的元组的组合。如果是无条件连接，则连接运算的结果就是笛卡儿积的结果。连接运算分为条件连接、等值连接和自然连接等。

（1）条件连接。条件连接（Condition Join）是从关系 R 和 S 的笛卡儿积中选取属性间满足一定条件的元组。

关系 R、关系 S 及 R×S 的结果如图 1-6 所示。

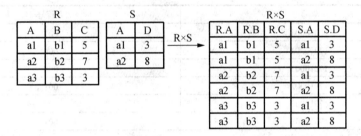

图 1-6　关系 R、关系 S 及 R×S 的结果

条件 C>D 连接的运算结果如图 1-7 所示。

（2）等值连接。等值连接（Equijoin）是从关系 R 和 S 的笛卡儿积中选取指定属性值相等的元组。

关系 R、关系 S 及 R×S 的结果如图 1-6 所示。C 属性和 D 属性的等值连接结果如图 1-8 所示。

R∞S
C>D

R.A	R.B	R.C	S.A	S.D
a1	b1	5	a1	3
a2	b2	7	a1	3

R∞S
C=D

R.A	R.B	R.C	S.A	S.D
a3	b3	3	a1	3

图 1-7　条件 C>D 连接的运算结果　　　　图 1-8　C 和 D 属性等值连接运算结果

（3）自然连接。自然连接（Natural Join）也是一种等值连接，它选取的是公共属性值相等的元组，并去掉重复的属性，记作 R∞S。

关系 R 和 S 的自然连接运算结果如图 1-9 所示。

R∞S

A	B	C	D
a1	b1	5	3
a2	b2	7	8

图 1-9　自然连接运算结果

4）除运算

给定关系 R(X,Y)和 S(Y,Z)，其中 X、Y、Z 为属性组。关系 R 中的 Y 与关系 S 中的 Y 可以有不同的属性名，但必须出自相同的域集。

关系 R 与 S 的除运算（Dicision）将得到一个新的关系 P(X)，其中关系 P 是关系 R 中满足下列条件的元组在 X 属性列上的投影：元组在 X 上的分量值 x 的象集 Y_x 包含关系 S 在 Y 上投影的集合，记作 R÷S。

【例 1.6】关系 R（选课表）如表 1-16 所示，查询同时选修 001 和 005 号课程学生的学号。此查询可利用除法运算来完成。

首先创建关系 S（筛选课程），如表 1-17 所示。

表 1-16　关系 R（选课表）

学号	课程号
17010001	001
17010001	004
17010001	005
17010002	001
17010002	003
17010003	001
17010003	002
17010004	005
17010005	001
17010005	003
17010005	005

表 1-17　关系 S（筛选课程）

课程号
001
005

"R（选课表）÷S（筛选课程）"的求解过程如下。

（1）属性 X 为"学号"，属性 Y 为"课程号"。

（2）X（学号）的分量值 x 为{17010001，17010002，17010003，17010004，17010005}

（3）每个分量在 Y（课程号）属性上的象集 Y_x 分别为

17010001 对应 Y_x 为{001，004，005}，

17010002 对应 Y_x 为{001，003}，

17010003 对应 Y_x 为{001，002}，

17010004 对应 Y_x 为{005}，

17010005 对应 Y_x 为{001，003，005}。

（4）关系 S（筛选课程）在 Y（课程号）属性上的投影为{001，005}。

（5）{001，005}是 17010001 和 17010005 的象集子集。

通过以上求解步骤即可得出 R（选课表）÷S（筛选课程）的结果，如表 1-18 所示。

表 1-18　R÷S 的结果

学号
17010001
17010005

1.2.3　关系完整性

关系完整性指关系数据库中数据的正确性和可靠性，关系数据库管理系统的一个重要功能就是保证关系的完整性。关系完整性包括实体完整性、值域完整性和参照完整性。

1．实体完整性

实体完整性指数据表中记录的唯一性，即同一个表中不允许出现重复的记录。设置数据表的关键字可便于保证数据的实体完整性。例如，学生表中的"学号"字段为关键字，若编辑"学号"字段时出现相同的学号，数据库管理系统就会提示用户，并拒绝修改字段。

2．值域完整性

值域完整性指数据表中记录的每个字段的值应在允许范围内。例如，可规定"性别"字段值必须是"男"或"女"。

3．参照完整性

参照完整性指要求通过定义的外部关键字和主键之间的引用规则来约束两个关系之间的联系。在实际操作中，当更新、删除、插入一个表中的数据时，通过参照引用相互关联的另一个表中的数据，来检查对表的数据操作是否正确，不正确则拒绝操作。例如，修改了学生表中的"学号"字段，应同时修改选课表中的"学号"字段，否则会导致参照完整性错误。

1.3　数据库设计基础

数据库设计是指对于一个给定的应用环境，建立一个能满足用户要求、性能良好的数据库，并以数据库为基础开发一系列供用户完成各种事务处理的应用程序。数据库设计是数据库应用的核心，其根本目标是要解决数据共享的问题。

1.3.1　数据库设计原则

在创建数据库时，为了合理地组织数据，应遵从以下基本设计原则。

1）"一实一表"原则

"一实一表"即一个实体（集）对应数据库中一个独立的表，一个表仅描述一个实体或实体间的一种联系。通过将不同的信息分散在 Access 不同的表中，可以使数据的组织工作和维护工作更简单，同时也可以保证建立的应用程序具有较高的性能。

例如，将有关学生基本情况的数据，如学号、姓名和性别等数据保存在学生表中，将有关选课成绩的数据保存在选课表中，而不是将这些数据都放到一起。

2）避免在表之间出现重复字段

除了保证表中有反映与其他表之间存在联系的外部关键字之外，应尽量避免在表之间出现重复字段。这样做的目的是使数据冗余尽量小，防止在插入、删除和更新数据时造成数据的不一致。例如，若在课程表中有了课程名字段，在选课表中就不应该有课程名字段，需要时可以通过两个表的连接找到所选课程对应的课程名称。

3）表中的字段必须是原始数据和基本数据元素

表中不应包括通过计算可以得到的"二次数据"或多项数据的组合。通过计算从其他字段推导出来的字段也应尽量避免。例如，在学生表中应当包括出生日期字段，而不应包括年龄字段。当需要查询年龄时，可以通过简单计算得到准确年龄。

4）利用外部关键字保证有关联的表之间的联系

表之间的关联依靠外部关键字来维系，使得表结构合理，表中不仅存储了所需要的实体信息，而且反映出实体之间客观存在的联系，最终设计出满足应用需求的实际关系模型。

1.3.2　数据库设计步骤

使用 Access 开发数据库应用系统的一般步骤如图 1-10 所示。

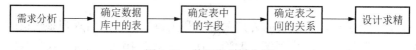

图 1-10　数据库设计步骤

1）需求分析

在设计和建立数据库之前，首先要明确建立数据库的目的，详细了解用户的需求，采集和分析相关资料和数据，这一过程称为需求分析。

2）确定数据库中的表

将需求信息划分成多个独立的实体，将每个实体设计为数据库中的一个表。

3）确定表中的字段

确定在每个表中要保存哪些字段，字段中要保存数据的数据类型和数据的长度，确定关键字。通过对这些字段的显示或计算应能够得到所有需求信息。

4）确定表之间的关系

对每个表进行分析，确定一个表中的数据和其他表中的数据有何联系。必要时，可在表中加入一个字段或创建一个新表来明确联系。

5）设计求精

对设计进行进一步分析，查找其中的错误。创建表时，在表中加入几个示例数据记录，考察能否从表中得到想要的结果。需要时可调整设计。

【例 1.7】"教学管理"数据库的设计。

（1）需求分析。"教学管理"数据库从功能上看，主要是实现对教学信息的统一管理，用户的需求主要包括以下三个方面。

① 通过该数据库可查询学生、课程及教师的相关信息。

② 通过该数据库可了解学生的选课信息及教师的任课信息。

③ 通过该数据库可以对学生成绩进行汇总统计和分析。

（2）确定数据库中的表。"教学管理"数据库应包含三类信息：一是学生信息，如学号、姓名和性别等；二是课程信息，如课程号、课程名和学时等；三是教师信息，如教师号、教师名和职称等。

如果将这些信息放在一个表中，必然会出现大量的重复数据，不符合信息分类的原则。因此，应将"教学管理"数据库中的数据分为三类，并分别存放在"学生""课程""教师"三个表中。

（3）确定表中的字段。根据数据库的设计原则，在确定所需字段时，要注意每个字段所包含的内容应该与表的主题相关，而且应包含相关主题所需的全部信息。

"教学管理"数据库中各表表名、主要字段及部分记录如表 1-19～表 1-21 所示。

表 1-19　学生

学号	姓名	性别	民族	出生日期	专业	入学成绩	个人特长
17010001	王欣	女	汉族	1999/10/11	外语	525	排球、羽毛球
17010003	杨永丰	男	汉族	1998/12/15	外语	508	绘画、长跑、足球
17020003	胡小梅	女	汉族	1999/11/2	物理	478	旅游、钢琴、绘画
17020004	李丹阳	女	锡伯族	1999/12/15	物理	470	书法、绘画、钢琴
17030002	赵海军	男	苗族	1999/8/11	计算机	479	旅游、足球、唱歌

表 1-20　课程

课程号	课程名	任课教师	学时	学分
001	大学计算机基础	230001	40	2
002	数据库设计与应用	230002	68	3
003	多媒体技术与应用	230001	20	1
004	大学体育	250001	30	1
005	大学英语	260002	60	3

表 1-21　教师

教师号	教师名	性别	年龄	职称	入职时间	联系电话	工资
230001	王平	女	32	讲师	2010/06/25	024-86593324	￥4500.00
230002	赵子华	男	35	副教授	2007/07/11	024-86593325	￥5600.00
250001	高玉	女	32	讲师	2011/07/30	024-86593323	￥4500.00
260002	刘海宇	男	29	助教	2013/07/15	024-86593322	￥3400.00
280002	宋宇	男	49	副教授	1991/07/05	024-86593327	￥6100.00

为了使保存在不同表中的数据产生联系，数据库中的每个表必须有一个字段能唯一标示每条记录，即主键。主键可以是一个字段，也可以是一组字段。不允许在主键字段中出现重复值或空值。

在这三个表中都要确定主键，其中，"学生"表的主键是学号，"课程"表的主键是课程号，"教师"表的主键是教师号。

（4）确定表之间的关系。在"教学管理"数据库中，一个学生（如学号 17010001）可以选修多门课程，而一门课程（如大学计算机基础）可以被多个学生选修，即学生与课程之间是多对多关系。而在 Access 中，表之间的关系一般都定义为一对多关系，所以要将多对多关系分解成两个一对多关系。

为此，需要创建一个纽带表——"选课"表，即通过"选课"表来了解学生的选课情况，这样，"选课"表应包含"学号"和"课程号"字段（均为外部关键字），以便与"学生"表和"课程"表建立联系。学生和课程之间的多对多关系由两个一对多关系代替："学生"表和"选课"表之间是一对多关系，课程表与选课表之间是一对多关系，如图 1-11 所示。

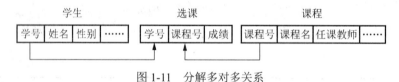

图 1-11　分解多对多关系

纽带表不一定有自己的主键，如果需要，可以将它所联系的两个表的主键作为组合关键字指定为主键，即"学号"和"课程号"的组合为"选课"表的主键。

"教学管理"数据库中的四个表之间的关系如图 1-12 所示。

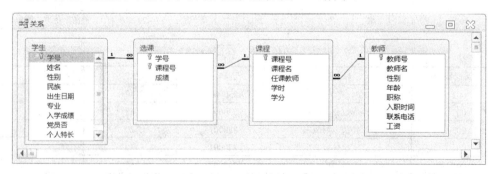

图 1-12　"教学管理"数据库中表之间的关系

（5）设计求精。数据库设计在每一个具体阶段的后期都要经过用户确认，如果不能满足要求，则要返回到前面一个或几个阶段进行调整和修改。整个设计过程实际上是一个不断返回修改、调整的迭代过程。

需要检查的内容如下。

① 是否遗忘了字段？是否有需要的信息未包含在数据库中？如果它们未包含在自己创建的表中，就需要另外创建一个表。

② 是否存在大量空白字段？此现象通常表示这些字段属于另外一个表。

③ 表中是否含有大量不属于某实体的字段？例如，一个表既包括教师信息字段，又包括有关课程的字段。必须修改设计，确保每个表包含的字段只与一个实体有关。

④ 是否为每个表选择了合适的主键？在使用这个主键查找具体记录时，它是否容易记忆和输入？要确保主键字段的值不会重复出现。

⑤ 是否有字段很多而记录很少的表，而且许多记录中的字段值为空？如果有，就要考虑重新设计该表，使它的字段减少，记录增多。

经过反复修改之后，就可以开发数据库应用系统的原型了。

1.4 Access 2010 简介

Access 2010 是一个面向对象的、采用事件驱动的新型关系数据库。它提供了强大的数据处理功能，可以帮助用户组织和共享数据库信息，以便根据数据库信息做出有效的决策。它具有界面友好、易学易用、开发简单和接口灵活的特点。

1.4.1 Access 2010 的启动和退出

Access 2010 启动与退出的方法与 Microsoft 公司研发的其他软件，如 Word、Excel 和 Outlook 等的启动与退出的方法类似。

1. 启动 Access 2010

执行以下任意一种操作都可以启动 Access 2010，启动界面如图 1-13 所示。

图 1-13 启动界面

（1）选择"开始"→"所有程序"→"Microsoft Office"→"Microsoft Access 2010"命令。

（2）双击数据库文档文件。

（3）双击桌面上的 Access 2010 快捷方式。

2．退出 Access 2010

执行以下任意一种操作都可以退出 Access 2010。

（1）单击标题栏右侧的"关闭"按钮。

（2）单击"文件"选项卡中的"退出"按钮。

（3）右击标题栏，在弹出的快捷菜单中选择"关闭"命令。

（4）按 Alt+F4 组合键。

1.4.2　Access 2010 的用户界面

Access 2010 的用户界面由后台视图、功能区和导航窗格三个主要部分组成，这三部分提供了用户创建和使用数据库的基本环境。

1．后台视图

在打开 Access 2010 但未打开数据库时所看到的窗口启动界面称为后台视图，如图 1-13 所示。

后台视图中不仅有多个选项卡，可以新建和打开数据库，进行数据库维护，还包含适用于整个数据库文件的其他命令和信息。

2．功能区

功能区位于 Access 2010 主窗口的顶部，如图 1-14 所示，由多个选项卡组成，每个选项卡中有多个组。

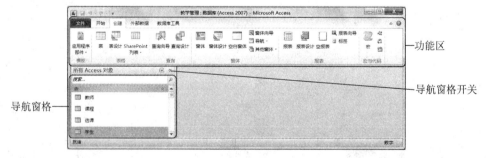

图 1-14　Access 2010 主窗口

3．导航窗格

导航窗格位于 Access 2010 窗口的左侧，用于显示当前数据库中的各种数据库对象。在导航窗格中，可以对对象进行分组管理。分组是一种分类管理数据库对象的有效方法。导航窗格可以最小化，也可以隐藏，但不能用打开的数据库对象覆盖导航窗格。

1.4.3　Access 数据库的对象

Access 2010 有表、查询、窗体、报表、宏和模块六种对象。这些对象在数据库中有不同的作用，其中，表是数据库的核心与基础，用来存放数据库的全部数据。报表、查询和窗体都是用来从表中获得数据信息，以实现用户的某一特定需求。窗体可以提供良好的用户操作界面，通过窗体可以直接或间接地调用宏或模块，并执行查询、打印和计算等功能，还可以对数据库进行编辑修改。

1．表

表是数据库的基础和核心对象，用于存储数据，如图 1-15 所示。Access 2010 的一个数据库中可以包含多个表，用户可以在表中存储不同类型的数据。

表中的列称为字段，行称为记录，记录由一个或多个字段组成。一条记录就是一个完整的信息。

图 1-15　"教学管理"数据库中的"教师"表

2．查询

查询是 Access 2010 进行数据检索并对数据进行分析、计算、更新及其他加工处理的数据库对象。查询是从一个或多个表中提取数据并进行加工处理而生成的。查询结果可以作为窗体、报表或数据访问页等其他数据库对象的数据源。

查询在数据库中保存的时候，并非保存查询的结果，而是保存 SQL 命令。执行查询时，才按要求从数据源中提取相应的数据记录，因此查询是一个动态的数据集。

3．窗体

窗体提供了一种用户界面，本身并不存储数据，但应用窗体可以直观、方便地对数据库中的数据进行输入、修改和查看等操作。图 1-16 所示为用于显示和查询成绩的"学生"窗体。

窗体中包含了多种控件，通过这些控件可以打开报表或其他窗体、执行宏或 VBA 编写的代码程序。在一个数据库应用程序开发完成后，对数据库的所有操作都可以通过窗体界面来实现。因此，窗体也是一个应用系统的组织者。

4. 报表

报表是将数据库中的数据通过打印机输出的手段。Access 2010 使用报表对象来实现格式数据的打印，将数据库中的表或查询中的数据进行组合，形成报表，还可以在报表中添加多级汇总、统计比较、图片和图表等，如图 1-17 所示。

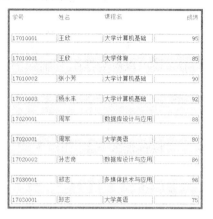

图 1-16　"学生"窗体　　　　　　　　　图 1-17　学生信息报表

创建报表的主要工作是定义报表的数据源和布局。数据源是报表的数据来源，通常是数据表或查询。布局决定报表的输出格式。创建报表和创建窗体的过程基本相同，只是窗体最终显示在屏幕上，而报表可以打印出来；此外，窗体可以与用户进行信息交互，而报表没有交互功能。

5. 宏

在 Access 2010 中，宏是一个重要的对象。宏可以自动完成一系列操作。使用宏非常方便，不需要记住语法，也不需要编程。通过执行宏可以完成许多烦琐的人工操作。

宏是一个或多个操作的集合，其中每个操作都能实现特定的功能。用户可以将一组需要系统执行的操作按顺序排列，定义成一个宏。当运行宏的时候，系统将自动执行宏中包含的操作。所以，使用宏能使系统自动执行一系列指定的操作或完成一些重复性的工作。

6. 模块

模块的主要作用是建立复杂的 VBA 程序，以完成宏等不能完成的任务。

模块中的每一个过程都是一个函数过程或子程序。通过将模块与窗体、报表等 Access 对象相联系，可以建立完整的数据库应用系统。

习　　题

1. 用二维表来表示实体与实体之间联系的数据模型是（　　）。
　　A．实体-联系模型　　　　　　　　B．层次模型
　　C．网状模型　　　　　　　　　　　D．关系模型

2．Access 的数据库类型是（　　　）。

    A．层次数据库　　　　　　　　　　　B．关系数据库

    C．网状数据库　　　　　　　　　　　D．面向对象数据库

3．数据库系统的核心是（　　　）。

    A．数据模型　　　　　　　　　　　　B．数据库管理系统

    C．软件工具　　　　　　　　　　　　D．数据库

4．有 R 和 T 两个关系，如下图所示。

R

A	B	C
a	1	2
b	2	2
c	3	2
d	3	2

T

A	B	C
c	3	2
d	3	2

则由关系 R 得到关系 T 的操作是（　　　）。

    A．选择　　　　　　B．投影　　　　　　C．交　　　　　　D．并

5．在数据库中能够唯一标示一个元组的属性或属性的组合的称为（　　　）。

    A．关键字　　　　　B．记录　　　　　　C．字段　　　　　D．域

6．"商品"与"顾客"两个实体集之间的联系一般是（　　　）。

    A．一对一　　　　　B．一对多　　　　　C．多对一　　　　　D．多对多

第2章 数据库和表

Access数据库是一个容器，扩展名为.accdb，用于存储表、查询、窗体、报表、宏和模块等所有数据库对象。表是Access数据库中最基本的对象，所有的数据都存放在表中，其他数据库对象的数据操作都是针对表进行的。本章介绍如何创建数据库、创建表、编辑表和操作表。

本章将创建"教学管理"数据库，并创建"学生""选课""课程""教师"四个表，表结构如表2-1所示，表记录如图2-1所示。本章所创建的"教学管理"数据库及各表均可应用于后面其他章节。

表2-1 "学生""选课""课程""教师"的表结构

表	字段名	数据类型	字段大小	格式	主键
学生	学号	文本	8		学号
	姓名	文本	4		
	性别	文本	1		
	民族	文本	3		
	出生日期	日期/时间		短日期	
	专业	文本	8		
	入学成绩	数字	整型		
	党员否	是/否		真/假	
	个人特长	文本	30		
	照片	OLE对象			
选课	学号	文本	8		学号 课程号
	课程号	文本	3		
	成绩	数字	长整型		
课程	课程号	文本	3		课程号
	课程名	文本	12		
	任课教师	文本	6		
	学时	数字	整型		
	学分	数字	整型		
教师	教师号	文本	6		教师号
	教师名	文本	4		
	性别	文本	1		
	年龄	数字	整型		
	职称	文本	3		
	入职时间	日期/时间		yyyy/mm/dd	
	联系电话	文本	15		
	工资	货币		货币	

学生

学号	姓名	性别	民族	出生日期	专业	入学成绩	党员否	个人特长
17010001	王欣	女	汉族	1999/10/11	外语	525	☑	排球、羽毛球、绘画
17010002	张小芳	女	苗族	2000/7/10	外语	510	☑	游泳、登山
17010003	杨永丰	男	汉族	1998/12/15	外语	508	☐	绘画、长跑、足球
17020001	周军	男	汉族	2000/5/10	物理	485	☐	登山、篮球、唱歌
17020002	孙志奇	男	苗族	1999/10/11	物理	478	☐	登山、游泳、跆拳道
17020003	胡小梅	女	汉族	1999/11/2	物理	478	☐	旅游、钢琴、绘画
17020004	李丹阳	女	锡伯族	1999/12/15	物理	470	☐	书法、绘画、钢琴
17030001	郑志	男	锡伯族	2000/5/10	计算机	510	☑	登山、足球
17030002	赵海军	男	苗族	1999/8/11	计算机	479	☐	旅游、足球、唱歌

（a）学生

选课

学号	课程号	成绩
17010001	001	95
17010001	004	85
17010002	001	90
17010003	001	92
17020001	002	88
17020001	005	80
17020002	002	86
17030001	003	98
17030001	005	75

（b）选课

课程

课程号	课程名	任课教师	学时	学分
001	大学计算机基础	230001	40	2
002	数据库设计与应用	230002	68	3
003	多媒体技术与应用	230001	20	1
004	大学体育	250001	30	1
005	大学英语	260002	60	3
006	马克思主义原理	280001	45	2

（c）课程

教师

教师号	教师名	性别	年龄	职称	入职时间	联系电话	工资
230001	王平	女	32	讲师	2010/06/25	024-86593324	¥4,500.00
230002	赵子华	男	35	副教授	2007/07/11	024-86593325	¥5,600.00
230003	陈小丹	女	40	教授	2004/07/21	024-86593326	¥8,900.00
230004	宋宇	男	27	助教	2015/12/29	024-86593321	¥3,200.00
250001	高玉	女	32	讲师	2011/07/30	024-86593323	¥4,500.00
260002	刘海宇	男	29	助教	2013/07/15	024-86593322	¥3,400.00
280001	徐建军	男	55	教授	1985/05/22	024-86593328	¥9,400.00
280002	宋宇	男	49	副教授	1991/07/05	024-86593327	¥6,100.00

（d）教师

图 2-1　“学生”“选课”“课程”“教师”表记录

2.1　创建数据库

Access 经常使用两种方法创建数据库，一是使用模板通过简单操作来创建数据库，这是最快捷的创建数据库的方法；二是先创建一个空数据库，然后添加表、查询、窗体和报表等对象。无论使用哪一种方法，创建数据库后都可以在任何时候修改和扩展数据库。

2.1.1　创建空数据库

如果在数据库模板中找不到满足要求的模板，可以创建一个没有任何数据库对象的空数据库，用户可以根据需要向数据库中添加表、查询、窗体和报表等对象，这种方法非常灵活，可以根据需要创建出各种数据库。

【例 2.1】在 D 盘"数据库"文件夹下建立"教学管理"数据库。

操作步骤如下。

（1）启动 Access 2010 后，选择"文件"→"新建"命令，在打开的窗口中单击"空数据库"按钮，如图 2-2 所示，在右侧窗格中输入文件名"教学管理.accdb"（扩展名.accdb可省略）。

图 2-2　"新建"窗口

（2）单击"浏览"按钮，弹出"文件新建数据库"对话框，如图 2-3 所示。设置文件的保存位置为 D 盘下的"数据库"文件夹。

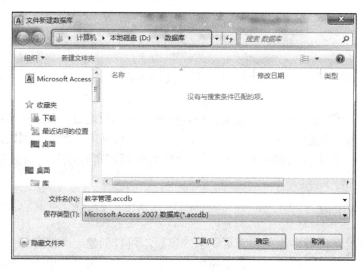

图 2-3　"文件新建数据库"对话框

（3）单击"确定"按钮，返回图 2-2 所示的窗口，单击右侧窗格下方的"创建"按钮，即可创建"教学管理"数据库，同时系统进入数据库窗口，并自动创建一个数据表"表 1"，如图 2-4 所示。

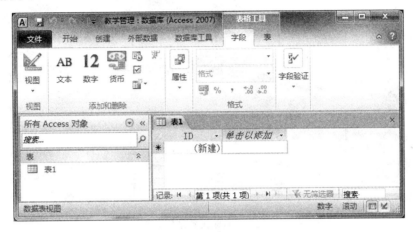

图 2-4　新建的"教学管理"数据库

2.1.2　使用模板创建数据库

使用模板可以快速、方便地创建数据库，Access 经常使用样本模板和 Office.com 模板创建数据库。样本模板是在本机上已经安装的模板，可以直接使用。Office.com 模板是网络上的模板，使用时需要从网络上下载。

【例 2.2】使用样本模板创建"教职员"数据库，并保存到 D 盘"数据库"文件夹下。操作步骤如下。

（1）如图 2-2 所示，在"新建"窗口中，单击"样本模板"按钮，在"样本模板"列表中单击"教职员"按钮，如图 2-5 所示。

图 2-5　"样本模板"列表

（2）在右侧窗格中输入数据库文件名为"教职员.accdb"，设置文件的保存位置为 D
盘下的"数据库"文件夹，单击"创建"按钮，完成模板数据库的创建。单击导航窗格
的"百叶窗开/关"按钮，可以看到所建的数据库及各类对象，如图 2-6 所示。

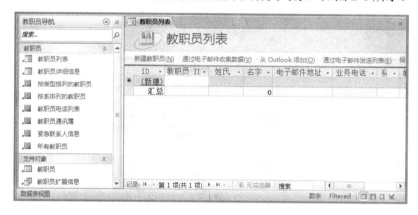

图 2-6　教职员数据库对象

通过数据库模板可以创建专业的数据库系统，但这些系统有时不太符合用户要求，
因此最简单的方法是先利用模板生成一个数据库，然后进行修改，使其更贴近目标要求。

2.1.3　打开和关闭数据库

1．打开数据库

对数据库及数据库中的对象进行操作前，要先打开数据库，Access 常用以下方法打
开数据库。

（1）双击数据库文件名即可快速打开数据库。

（2）选择"文件"→"打开"命令，在弹出的"打开"对话框中选择数据库文件所
在的位置，选中文件名，单击"打开"按钮，即可打开数据库。

（3）选择"文件"→"最近所用文件"命令，单击要打开的数据库，即可打开最近
使用过的数据库。

2．关闭数据库

完成数据库操作后，需要关闭数据库。选择"文件"→"关闭数据库"命令可以关
闭数据库并返回到 Access 主窗口，也可以通过退出 Access 的方法来关闭数据库。

2.2　建　立　表

表是数据库的基础和核心对象，用于存储数据。Access 中的其他数据库对象，如查
询、窗体和报表等都是在表的基础上建立的。空数据库建好后，首先要建立表对象，并
建立表之间的关系，然后创建其他数据库对象。

一个数据库可以包含一个或多个表。表由行和列组成，每一列就是一个字段，对应一个列标题；所有列组成一行，每一行就是一条数据记录。表是由表结构和表内容（数据）组成的。

2.2.1　表结构

在创建表时，必须先建立表的结构。表结构是数据表的框架，主要包括字段名称、数据类型和字段属性等。

1. 字段名称

字段名称是表中一列的标识，同一个表中的字段名称不能重复。在 Access 中，字段的命名规则如下。

（1）长度为 1~64 个字符（每个汉字为 1 个字符）。

（2）可以包含字母、汉字、数字、空格和其他字符，但不能以空格开头。

（3）不能使用 ASCII 码值为 0~31 的 ASCII 字符。

（4）不能包含句点"."、感叹号"!"、方括号"[ ]"和单引号"'"。

2. 数据类型

表中的同一列数据必须具有相同的数据特征，称为字段的数据类型。在设计表时，必须定义表中每个字段应该使用的数据类型。Access 2010 为字段提供了以下 12 种数据类型。

（1）文本（默认值）：文本类型可以存储字符、字符和数字的组合及不需要计算的数字（如电话号码、身份证号等）。文本型字段最多存储 255 个字符，当字符个数超过 255 时，应选择备注类型。

（2）备注：备注类型用来存储长文本数据，如简历、备忘录等，最多可以存储 65535 个字符。在备注型字段中可以搜索文本，但不能对备注型字段进行排序或索引。

（3）数字：数字类型用于存储需要进行数值计算的数据，如年龄、分数等。在 Access 中选择了数字类型后，可以将"字段大小"属性进一步设置为字节、整型、长整型、单精度型、双精度型、小数等类型。数字类型具体说明见第 7 章 VBA 数据类型。

（4）日期/时间：日期/时间类型用于存储日期、时间或日期与时间的组合，如出生日期、参加工作时间等。日期/时间类型字段的长度为 8 字节。

（5）货币：货币类型是一种专用的数字类型，用于存储工资、所得税等。向货币字段输入数据时，系统会自动添加货币符号、千位分隔符和两位小数。使用货币类型可以避免计算时四舍五入。货币类型字段的长度为 8 字节。

（6）自动编号：自动编号类型是一种特殊的数据类型，当向表中添加一条新记录时，系统会自动插入一个唯一的顺序号（每次递增 1）或随机数。自动编号一旦被指定，将永久与记录连接，如果删除了含有自动编号的一条记录，系统不会对记录重新编号。自动编号字段的长度为 4 字节。

（7）是/否：是/否类型字段用于存放"是/否、真/假、开/关"等数据，如婚否、党员否等，只能接受两种可能值中的一种。在 Access 中，使用 True 或-1 表示"是"值，使用 False 或 0 表示"否"值。是/否类型字段的长度为 1 字节。

（8）OLE 对象：OLE 对象用于存储链接或嵌入的对象，如 Microsoft Excel 电子表格、Microsoft Word 文档、图形、声音或其他二进制数据。OLE 对象字段的最大容量为 1GB。

（9）超链接：超链接类型字段以文本形式保存超链接地址，用来链接到文件、Web 页、电子邮件地址等。

（10）附件：附件类型字段是将整个文件以附件的形式放入 Access 数据库的表中，与电子邮件的附件是类似的。附件可以是文档、电子表格、图表和图像等任何数据库支持的文件类型。

（11）计算：计算类型字段用于显示计算结果，计算时必须引用同一表中的其他字段，可以使用表达式生成器来创建计算。计算类型字段的长度为 8 字节。

（12）查阅向导：查阅向导用于显示从表或查询中检索到的一组值，或显示创建字段时指定的一组值。在向表中输入数据时，如果希望通过下拉列表来选择字段的值，而不是输入字段的值，那么可以设置该字段的数据类型为"查阅向导"。

3. 字段属性

字段属性表示字段所具有的特性，如字段大小、格式和输入掩码等。定义字段属性可以实现对输入数据的限制和验证，也可以控制数据在数据表视图中的显示格式等。

2.2.2　建立表结构

建立表结构有两种方法：一是使用设计视图，二是使用数据表视图。

1. 使用设计视图

使用表的设计视图是创建表结构及修改表结构最方便、最常用的方法。

【例 2.3】在"教学管理"数据库中建立如表 2-2 所示的"学生"表结构。

表 2-2　"学生"表结构

字段名	数据类型	字段大小	主键
学号	文本	8	
姓名	文本	4	
性别	文本	1	
民族	文本	3	
出生日期	日期/时间		学号
专业	文本	8	
入学成绩	数字	整型	
党员否	是/否		
个人特长	文本	30	
照片	OLE 对象		

操作步骤如下。

（1）打开"教学管理"数据库，单击"创建"选项卡"表格"组中的"表设计"按钮，打开表设计视图，如图 2-7 所示。

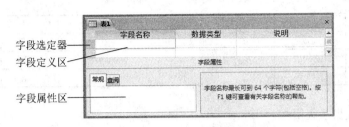

图 2-7　表设计视图

表设计视图分为上下两部分，上面部分为字段定义区，用来定义字段名称、字段类型和说明，左侧的字段选定器用于选择字段。下面部分是字段属性区，用于设置字段的属性值。

（2）单击"字段名称"列第 1 行，输入"学号"；在"数据类型"的下拉列表中选择"文本"；在"说明"列中输入"主键"（注：说明信息不是必需的，但可以增加数据的可读性）；在字段属性区，将字段大小改为 8。

（3）重复上一步操作，按照表 2-2 所列的字段名称和数据类型等信息，定义表中其他字段，表设计结果如图 2-8 所示。

字段名称	数据类型	说明
学号	文本	主键
姓名	文本	
性别	文本	
民族	文本	
出生日期	日期/时间	
专业	文本	
入学成绩	数字	
党员否	是/否	
个人特长	文本	
照片	OLE 对象	

图 2-8　"学生"表结构设计结果

（4）单击"学号"的字段选定器，单击"设计"选项卡"工具"组中的"主键"按钮，将其设置为"学生"表的主键。

注意：Access 中的每个表通常都需要设置主键，如果未设置主键，系统会在保存表结构定义时给出提示。

（5）单击快速访问工具栏中的"保存"按钮，弹出"另存为"对话框，输入表名称为"学生"，单击"确定"按钮。

（6）单击"视图"组中的"视图"按钮，切换到数据表视图，输入如表 2-3 所示的学生数据。

表 2-3　"学生"表部分记录

学号	姓名	性别	民族	出生日期	专业	入学成绩
17010001	王欣	女	汉族	1999/10/11	外语	525
17010002	张小芳	女	苗族	2000/7/10	外语	510
17010003	杨永丰	男	汉族	1998/12/15	外语	508

2. 使用数据表视图

数据表视图是 Access 的默认视图，按照行与列的形式显示表中的数据。在数据表视图中，既可以进行表中记录的添加、编辑和删除操作，也可以进行字段的添加、编辑和删除操作。

【例 2.4】在"教学管理"数据库中建立如表 2-4 所示的"选课"表结构。

表 2-4　"选课"表结构

字段名	数据类型	字段大小	主键
学号	文本	8	学号 课程号
课程号	文本	3	
成绩	数字	长整型	

操作步骤如下。

（1）打开"教学管理"数据库，单击"创建"选项卡"表格"组中的"表"按钮，自动创建"表 1"，并以数据表视图方式打开，如图 2-9 所示。

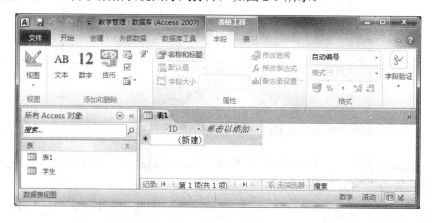

图 2-9　"表 1"数据表视图

（2）单击"ID"字段列，单击"字段"选项卡"属性"组中的"名称和标题"按钮，弹出"输入字段属性"对话框，如图 2-10 所示。在"名称"文本框中输入"学号"，单击"确定"按钮。

图 2-10 "输入字段属性"对话框

说明：在"ID"字段列建立的字段默认是一个自动编号类型的主键。

（3）单击"学号"字段列，单击"字段"选项卡，在"格式"组中设置"数据类型"为"文本"；将"属性"组的"字段大小"设置为"3"，如图 2-11 所示。

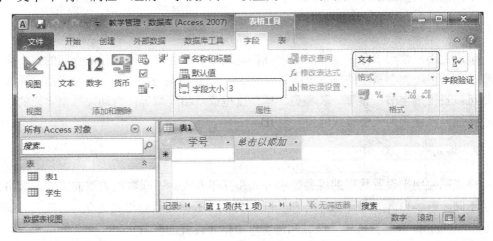

图 2-11 字段名称及属性设置结果

（4）单击"单击以添加"列，在打开的下拉列表中选择"文本"选项，系统自动将此字段命名为"字段 1"。将"字段 1"重命令为"课程号"；选中"课程号"字段列，将"属性"组的"字段大小"设置为 3。

（5）参照第（4）步完成"成绩"字段的添加及属性的修改（"数字"数据类型的字段大小默认为"长整型"，不需要设置）。

（6）单击快速访问工具栏中的"保存"按钮，弹出"另存为"对话框，输入表名称为"选课"，单击"确定"按钮。

（7）单击"视图"组中的"视图"下拉按钮，在打开的下拉列表中选择"设计视图"选项，切换到表的设计视图，同时选中"学号"和"课程号"的字段选定器，单击"工具"组中的"主键"按钮，将"学号"和"课程号"设置为"选课"表的主键，如图 2-12 所示。

使用数据表视图创建表结构，不能对字段的属性进行详细设置。Access 经常使用数据表视图编辑、浏览表记录，而使用设计视图创建表结构。在导航窗格中双击要浏览的表对象会默认进入其数据表视图。

图 2-12　设置"选课"表的主键

2.2.3　设置字段属性

使用设计视图创建表结构是 Access 常用的方法，在设计视图中，用户可以为字段设置属性。字段属性是描述字段的特征，用于控制数据在字段中的存储、输入或显示方式等，不同数据类型的字段具有不同的字段属性。

1. 字段大小

字段大小属性用于定义文本、数字或自动编号数据类型字段的存储空间的大小。文本型字段的字段大小属性的取值范围是 0～255，默认值是 255；数字型字段的字段大小属性可以设置为字节、整型、长整型、单精度型或双精度型等；自动编号型字段的字段大小属性可以设置为长整型或同步复制 ID。

2. 格式

格式属性用来设置数据的屏幕显示方式和打印方式。不同数据类型的字段，其格式有所不同。图 2-13 给出了"数字"和"日期/时间"数据类型的格式选项。日期和时间的格式受 Windows 控制面板中"区域和语言"中格式设置的影响。

图 2-13　"数字"和"日期/时间"格式选项

【例 2.5】将"学生"表的"出生日期"字段的格式设置为"中日期"。

操作步骤如下。

（1）打开"教学管理"数据库，在导航窗格中右击"学生"表，在弹出的快捷菜单中选择"设计视图"命令。

（2）单击"出生日期"字段，在"格式"下拉列表中选择"中日期"选项，如图 2-14 所示。

（3）切换到数据表视图，显示结果如图 2-15 所示。

图 2-14 "格式"属性设置   图 2-15 显示结果

注意：格式属性只影响数据的显示格式，并不影响数据在表中的存储。如果要控制数据的输入格式，应设置字段的输入掩码属性。

3. 输入掩码

输入掩码是使用掩码字符来控制文本、数字、日期/时间和货币类型数据的输入格式。输入掩码可直接使用如表 2-5 所示的掩码字符进行定义，对于文本型和日期/时间型字段也可以使用输入掩码向导来定义。

表 2-5 输入掩码属性字符的含义

字符	说明
0	数字（0~9），必须输入，不允许输入加号和减号。例如，输入掩码 000，必须输入 3 位数字
9	数字或空格，非必须输入，不允许输入加号和减号。例如，输入掩码 999，可以输入 0~3 位数字或空格
#	数字或空格，非必须输入，允许输入加号和减号。例如，输入掩码###，可以输入 0~3 位数字、空格、加号或减号
L	字母（A~Z，a~z），必须输入
?	字母（A~Z，a~z）或空格，非必须输入
A	字母或数字，必须输入
a	字母、数字或空格，非必须输入
&	任意一个字符、汉字或空格，必须输入
C	任意一个字符、汉字或空格，非必须输入
. , ; : - /	小数点占位符、千位分隔符、日期与时间分隔符
<	将其后的所有字符转换为小写
>	将其后的所有字符转换为大写
!	使输入掩码从右到左显示
\	使其后的字符显示为原文字符，如\A 显示为 A

【例 2.6】将"学生"表的"出生日期"字段的"输入掩码"属性设置为"短日期"。输入如图 2-1 所示的"学生"表中的第 4 条记录。

操作步骤如下。

（1）用设计视图打开"学生"表，单击"出生日期"字段。

（2）选择"输入掩码"属性，单击其右侧的"生成器"按钮，弹出"输入掩码向导"第 1 个对话框，如图 2-16 所示，选择"短日期"选项。

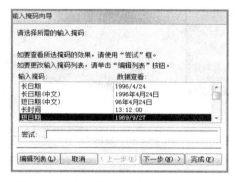

图 2-16   "输入掩码向导"第 1 个对话框

（3）单击"下一步"按钮，弹出"输入掩码向导"第 2 个对话框，如图 2-17 所示，将输入掩码设置为"0000/99/99"，将占位符设置为"#"。单击"完成"按钮，设置结果如图 2-18 所示。

图 2-17   "输入掩码向导"第 2 个对话框

图 2-18   "输入掩码"设置结果

（4）切换到数据表视图，输入一条新记录，如图 2-19 所示。输入新记录的"出生日期"时，必须以"输入掩码"属性设置的"短日期"格式输入。显示数据时，以"格式"属性设置的"中日期"格式输出。

学生						
学号	姓名	性别	民族	出生日期	专业	入学成绩
17010001	王欣	女	汉族	1999/10/11	外语	525
17010002	张小芳	女	苗族	2000/7/10	外语	510
17010003	杨永丰	男	汉族	1998/12/15	外语	508
17020001	周军	男	汉族	2000/##/##	理	485

图 2-19   "出生日期"输入掩码显示示例

注意：如果某字段同时定义了输入掩码和格式属性，在数据表视图显示数据时，格式属性优先于输入掩码属性。

为了能使出生日期显示 4 位年份，最后要将"学生"表的"出生日期"字段"格式"属性设置为"短日期"。

输入掩码只为文本类型和日期/时间类型字段提供了向导，也可以使用掩码字符直接定义输入掩码的属性。

【例 2.7】 为"学生"表的"学号"字段设置输入掩码，前 2 位是"17"，后 6 位是数字。为"入学成绩"字段设置输入掩码，只能是不超过 3 位的数字。

操作步骤如下。

（1）使用设计视图打开"学生"表，单击"学号"字段行，在"输入掩码"文本框中输入""17"000000"。结果如图 2-20 所示。

（2）单击"入学成绩"字段行，在"输入掩码"文本框中输入"999"。

（3）切换到数据表视图，如图 2-21 所示，输入新记录时，"学号"字段的前两位"17"将自动显示，只需要输入学号的后 6 位。"入学成绩"字段值允许输入不超过 3 位的数字。

学生		
字段名称	数据类型	
▶学号	文本	
姓名	文本	
性别	文本	

常规 查阅	
字段大小	8
格式	
输入掩码	"17"000000

图 2-20　"学号"字段的输入掩码

学生						
学号	姓名	性别	民族	出生日期	专业	入学成绩
⊞ 17010001	王欣	女	汉族	1999/10/11	外语	525
⊞ 17010002	张小芳	女	苗族	2000/7/10	外语	510
⊞ 17010003	杨永丰	男	汉族	1998/12/15	外语	508
⊞ 17020001	周军	男	汉族	2000/1/2	物理	485
⊞ 17	孙志奇	男	苗族	1999/10/11	物理	478

图 2-21　"学号"输入掩码显示示例

4. 标题

在数据表视图中，每列显示的标题默认为该列的字段名。为字段设置标题属性后，该属性值将作为字段的标题。

5. 默认值

默认值是向表中添加一条新记录时，为相应字段预设的值。当某个字段有大量重复数据时，可设置默认值，以减少输入时的重复操作。

【例 2.8】 假设"教师"表已经创建并已输入记录。将"教师"表的"性别"字段的"默认值"设置为"男"，将"入职日期"字段"默认值"设置为系统的当前日期。

操作步骤如下。

（1）使用设计视图打开"教师"表，单击"性别"字段行，在"默认值"属性框中输入"男"，如图 2-22 所示。

注意：输入文本时，可以不输入英文双引号，系统会自动加上双引号。

（2）单击"入职时间"字段行，在"默认值"属性框中输入表达式"=date()"。

（3）切换到数据表视图，如图 2-23 所示，新记录行的"性别"字段和"入职时间"字段均显示了默认值。

图 2-22　"性别"字段的"默认值"设置　　　　图 2-23　设置默认值的显示结果

说明：设置默认值时必须与当前字段的数据类型匹配，否则会出错。默认值可以直接使用，也可以输入新值来取代默认值。

6．有效性规则和有效性文本

有效性规则是指向表中输入数据时应遵循的条件，其作用是限制非法数据的输入。有效性文本是指当输入的数据违反了有效性规则时显示的出错提示信息。如果不设置有效性文本，出错提示信息为系统默认的显示信息。

【例 2.9】将"教师"表的"年龄"字段的取值限定在 22～70，有效性文本设置为"请输入 22～70 之间的值！"。

操作步骤如下。

（1）使用设计视图打开"教师"表，单击"年龄"字段行，在"有效性规则"属性框中输入表达式">=22 And <=70"，如图 2-24 所示。

（2）在"有效性文本"属性框中输入"请输入 22～70 之间的值！"。

（3）切换到数据表视图，在"年龄"字段输入一个不在限定范围内的数据（如 18），按 Enter 键，屏幕上会弹出提示框，如图 2-25 所示。

图 2-24　设置"有效性规则"与"有效性文本"　　　图 2-25　测试"有效性规则"示例

7．必需

必需属性用来设置向表中输入记录时，该字段是否必须输入值。设置为"是"，表示该字段必须输入值；设置为"否"，表示该字段可以为空。

8. 允许空字符串

指定该字段是否允许输入零长度的空字符串（即""）。设置为"是"，表示该字段可以输入空字符串；设置为"否"，表示该字段不可以输入空字符串。

9. 索引

对字段定义索引后，可以加快排序和查询等操作的速度，可以验证数据的唯一性。Access 中有普通索引、唯一索引和主索引三种类型索引。普通索引的字段值可以相同，即可以有重复值。唯一索引的字段值不能相同，即没有重复值，对有重复值的字段不能建立唯一索引。在 Access 中，同一个表可以创建多个唯一索引，可设置其中的一个为主索引（即主键），一个表只能有一个主索引。"索引"属性选项有以下三种。

① 无：默认值，表示该字段无索引。

② 有（无重复）：该字段有索引，每条记录中该字段中的值不能重复，适合做主键。

③ 有（有重复）：该字段有索引，每条记录中该字段中的值可以重复。

【例 2.10】为"学生"表按"入学成绩"字段创建索引。

分析： 由于"入学成绩"字段可能有重复值，所以创建普通索引（允许重复）。

操作步骤如下。

（1）使用设计视图打开"学生"表，选择"入学成绩"字段。

（2）从"索引"属性框的下拉列表中选择"有(有重复)"选项。

通过索引属性只能建立单个字段索引，如果同时给两个以上字段建立索引，需要在"索引"对话框中完成。

【例 2.11】在"教师"表中，按"性别"和"教师名"两个字段的升序创建多字段索引。

操作步骤如下。

（1）使用设计视图打开"教师"表，单击"设计"选项卡"显示/隐藏"组中的"索引"按钮，弹出索引对话框，如图 2-26 所示（第一行为已经建立的主索引）。

（2）在"索引名称"的第二行中输入"多字段索引"，将"字段名称"设置为"性别"；将"字段名称"的第三行设置为"教师名"。"排序次序"均按默认的升序设置，如图 2-27 所示。

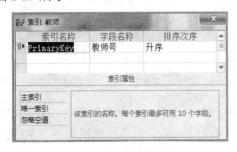

图 2-26　索引对话框

图 2-27　多字段索引

2.2.4　向表中输入数据

建立表结构后，即可向表中输入数据。Access 可以在数据表视图中直接输入数据，也可以从已经存在的外部数据中获取数据。本小节介绍如何在数据表视图中直接输入数据。

1. 使用键盘输入数据

【**例 2.12**】完成"学生"表数据的输入，"学生"表内容如图 2-1（a）所示。
操作步骤如下。

（1）在导航窗格中双击"学生"表，进入其数据表视图。

（2）从第一个空记录行的第 1 个字段开始依次输入数据，每输完一个字段值按 Tab 键或 Enter 键转至下一字段。

（3）输入"出生日期"字段时，将光标定位到该字段即可直接输入。

注意：对于未设置"输入掩码"的日期，也可以单击字段右侧的"日期选择器"，打开"日历"控件，如果要输入今天的日期，单击"今日"按钮；如果要输入其他日期，可以在日历中进行选择。

（4）输入"党员否"字段值时，单击复选框，显示"√"，表示"是"（存储值为-1）；未显示"√"，表示"否"（存储值为 0）。

（5）输入"照片"时，右击"照片"字段，在弹出的快捷菜单中选择"插入对象"命令，弹出"Microsoft Access"对话框，如图 2-28 所示。

方法一：使用"新建"选项插入图片。选中"新建"单选按钮，在"对象类型"下拉列表框中选择"Bitmp Image"选项，单击"确定"按钮。在弹出的"位图图像"窗口中选择"粘贴"下拉列表中的"粘贴来源"选项，如图 2-29 所示，找到并双击图片文件。关闭"位图图像"窗口，返回数据表视图。

图 2-28　选择对象类型　　　　　　　　　　图 2-29　　"位图图像"窗口

方法二：使用"由文件创建"选项插入图片。选中"由文件创建"单选按钮，单击"浏览"按钮，在"浏览"窗口中选择图片文件，单击"确定"按钮，返回如图 2-30 所示的对话框，单击"确定"按钮，返回数据表视图。

图 2-30　"Microsoft Access"对话框

说明： 使用方法一插入到数据表中的图片可以在窗体中显示，使用方法二插入到数据表中的图片不能在窗体中显示。

（6）输入一条记录的最后一个字段后，表中会自动增加一条空记录，记录选定器上显示星号"*"，表示该记录是一条新记录。继续输入其他记录，保存表。

2. 使用查阅列表选择数据

Access 表中的数据通常采用直接输入的方式输入。如果某个字段的取值是一组比较固定的数据，如"教师"表的"职称"字段取值为"助教""讲师""副教授""教授"。可以将"职称"字段设置为"查阅向导"数据类型，建立一个列表，从列表中选择数据，以提高输入效率。创建查阅列表有两种方式，一是使用"查阅向导"，二是在字段属性"查阅"选项卡中直接设置。

【例 2.13】 将"教师"表中的"职称"字段设置为"查阅向导"类型，在列表中显示"助教""讲师""副教授""教授"四个值。

操作步骤如下。

（1）使用设计视图打开"教师"表。

（2）在"职称"字段的"数据类型"下拉列表中选择"查阅向导"选项，弹出"查阅向导"第 1 个对话框，如图 2-31 所示，选中"自行键入所需的值"单选按钮。

（3）单击"下一步"按钮，弹出"查阅向导"第 2 个对话框，如图 2-32 所示，依次输入"助教""讲师""副教授""教授"。

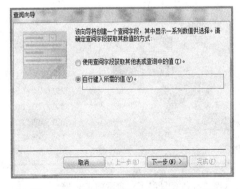

图 2-31　"查阅向导"第 1 个对话框

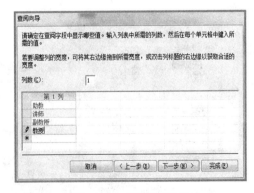

图 2-32　列表设置结果

（4）单击"下一步"按钮，弹出"查阅向导"第 3 个对话框，在"请为查阅字段指定标签"文本框中输入字段标签，本例采用默认值，单击"完成"按钮。

（5）切换到数据表视图，可以看到"职称"字段的下拉列表中显示了"助教""讲师""副教授""教授"，如图 2-33 所示。添加新记录时，此字段的值既可以从列表中选择，也可以输入新值。

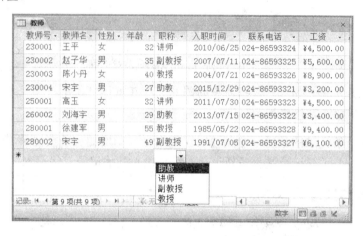

图 2-33　"职称"查阅列表示例

【例 2.14】使用"查阅"选项卡，为"教师"表中的"性别"字段建立列表"男"和"女"。

操作步骤如下。

（1）使用设计视图打开"教师"表。

（2）单击"性别"字段行，在字段属性区选择"查阅"选项卡。

（3）在"显示控件"下拉列表中选择"列表框"选项，在"行来源类型"下拉列表中选择"值列表"选项，在"行来源"文本框中输入""男";"女""。设置结果如图 2-34所示。

（4）切换到数据表视图，在"性别"字段的下拉列表中可以看到设置结果，如图 2-35所示。

图 2-34　"查阅"参数设置

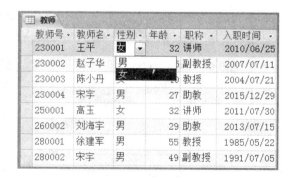

图 2-35　"性别"查阅列表示例

3. 使用附件类型字段存储数据

使用附件类型可以将 Word 文档、电子表格、演示文稿和图像等文件的数据添加到数据表的记录中。附件类型的一个字段可以存储多个文件，而且这些文件的数据类型可以不同。

【例 2.15】在"课程"表中增加"课程介绍"字段，数据类型为"附件"，将"大学计算机基础考试大纲"和"大学计算机基础教学日历"等 Word 文档添加到"大学计算机基础"课程的"课程介绍"字段中。

操作步骤如下。

（1）使用设计视图打开"课程"表。

（2）添加"课程介绍"字段，将数据类型设置为"附件"。切换到数据表视图，如图 2-36 所示，"课程介绍"字段的单元格中显示为"⬭(0)"，其中（0）表示附件个数为 0。

课程					
课程号	课程名	任课教师	学时	学分	课程介绍
001	大学计算机基础	230001	40	2	⬭(0)
002	数据库设计与应用	230002	68	3	⬭(0)
003	多媒体技术与应用	230001	20	1	⬭(0)
004	大学体育	250001	30	1	⬭(0)
005	大学英语	260002	60	3	⬭(0)
006	马克思主义原理	280001	45	2	⬭(0)

图 2-36　"课程"表数据表视图

（3）双击第 1 条记录的"课程介绍"单元格，弹出"附件"对话框，单击"添加"按钮，弹出"选择文件"对话框，找到"大学计算机基础考试大纲.doc"文件，单击"打开"按钮，返回"附件"对话框，如图 2-37 所示，"大学计算机基础考试大纲.doc"文件已经添加到"附件"对话框中。

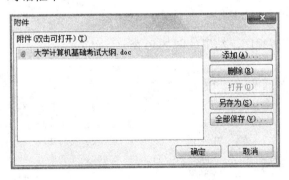

图 2-37　"附件"对话框

（4）使用同样的方法，将"大学计算机基础教学日历.doc"文件添加到"附件"对话框中。

（5）单击"确定"按钮，返回数据表视图，可以看到第 1 条记录的"课程介绍"单元格中显示"⬭(2)"，表示有两个附件。

说明: 附件字段中的数据不在数据表视图中显示,只有在"附件"对话框中双击附件文件名才能打开。

4. 使用计算类型字段生成数据

Access 2010 可以使用计算数据类型在表中创建计算字段,通过"表达式"属性设置计算公式,自动生成数据。

【**例 2.16**】在"教师"表中增加一个计算字段,设置字段名称为"新工资",结果类型为"货币"。计算公式为新工资=工资*1.2,表示新工资是原工资的 1.2 倍。

操作步骤如下。

(1)使用设计视图打开"教师"表。在"工资"字段行后添加新字段"新工资"。

(2)在"数据类型"下拉列表中选择"计算"选项,弹出"表达式生成器"对话框,如图 2-38 所示。在"表达式类别"列表中双击"工资"选项,然后输入"*1.2"。

(3)单击"确定"按钮返回设计视图,设置"结果类型"的属性值为"货币",如图 2-39 所示。

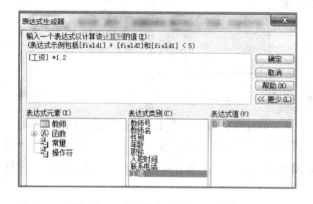

图 2-38　"表达式生成器"对话框

图 2-39　属性设置

(4)切换到数据表视图,结果如图 2-40 所示。

教师号	教师名	性别	年龄	职称	入职时间	联系电话	工资	新工资
230001	王平	女	32	讲师	2010/06/25	024-86593324	¥4,500.00	¥5,400.00
230002	赵子华	男	35	副教授	2007/07/11	024-86593325	¥5,600.00	¥6,720.00
230003	陈小丹	女	40	教授	2004/07/21	024-86593326	¥8,900.00	¥10,680.00
230004	宋宇	男	27	助教	2015/12/29	024-86593321	¥3,200.00	¥3,840.00
250001	高玉	女	32	讲师	2011/07/30	024-86593323	¥4,500.00	¥5,400.00
260002	刘海宇	男	29	助教	2013/07/15	024-86593322	¥3,400.00	¥4,080.00
280001	徐建军	男	55	教授	1985/05/22	024-86593328	¥9,400.00	¥11,280.00
280002	宋宇	男	49	副教授	1991/07/05	024-86593327	¥6,100.00	¥7,320.00

图 2-40　"计算"字段计算结果

2.2.5　导入、导出数据

1．数据的导入

在操作数据库的过程中，有时需要将其他类型的文件转换成 Access 数据库的表，如文本文件（.txt）、Excel 工作表（.xlsx）、XML 文件或其他 Access 数据库文件等。通过导入或链接操作可将外部数据添加到当前数据库中。

【例 2.17】将已经建立的 Excel 文件"考试成绩.xlsx"中的全部数据导入"教学管理"数据库的新表中，设置"学号"为主键，并将新表命名为"考试成绩"。

操作步骤如下。

（1）打开"教学管理"数据库。

（2）单击"外部数据"选项卡"导入并链接"组中的"Excel"按钮，弹出"获取外部数据–Excel 电子表格"对话框，如图 2-41 所示。

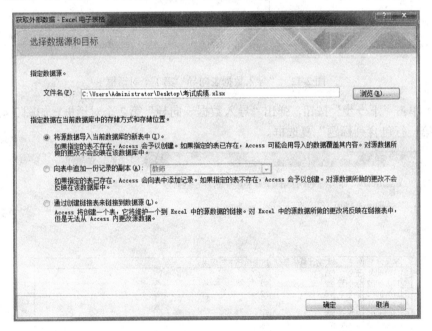

图 2-41　"获取外部数据–Excel 电子表格"对话框

（3）单击"浏览"按钮，弹出"打开"对话框，选中要导入的"考试成绩.xlsx"文件，单击"打开"按钮。

说明： 若选中"将源数据导入当前数据库的新表中"单选按钮，则将外部数据作为一个新表导入到当前数据库中；若选中"向表中追加一份记录的副本"单选按钮，则将外部数据追加到当前数据库的现有表中；若选中"通过创建链接表来链接到数据源"单选按钮，则创建一个链接表，当打开链接表时要从数据源获取数据，链接表中的数据随着外部数据源的改变而改变。

（4）选中"将源数据导入当前数据库的新表中"单选按钮，单击"确定"按钮，弹出"导入数据表向导"第 1 个对话框，如图 2-42 所示，使用默认选项。

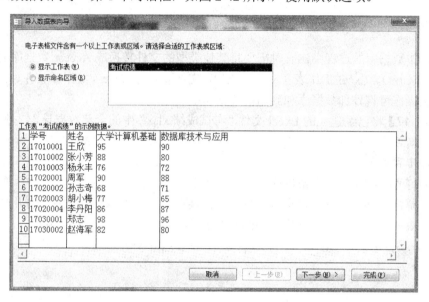

图 2-42　"导入数据表向导"第 1 个对话框

（5）单击"下一步"按钮，弹出"导入数据表向导"第 2 个对话框，如图 2-43 所示，选中"第一行包含列标题"复选框。

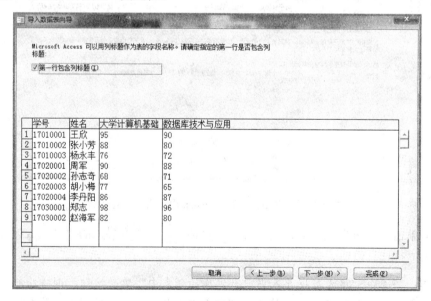

图 2-43　"导入数据表向导"第 2 个对话框

（6）单击"下一步"按钮，弹出"导入数据表向导"第 3 个对话框，如图 2-44 所示（可对每个字段进行数据类型、索引等设置），本例使用默认选项。

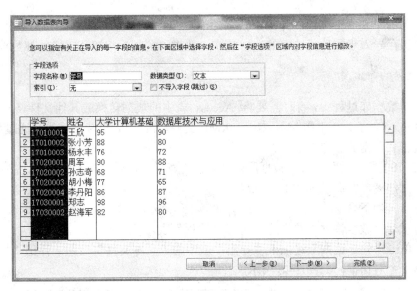

图 2-44　"导入数据表向导"第 3 个对话框

说明：若某字段不需要导入，可选中该字段，然后在"字段选项"区选中"不导入字段（跳过）"复选框。

（7）单击"下一步"按钮，弹出"导入数据表向导"第 4 个对话框，如图 2-45 所示，若选中"让 Access 添加主键"单选按钮，系统自动创建主键；若选中"不要主键"单选按钮，则导入的表不创建主键。本例选中"我自己选择主键"单选按钮，在右侧下拉列表中选择"学号"选项。

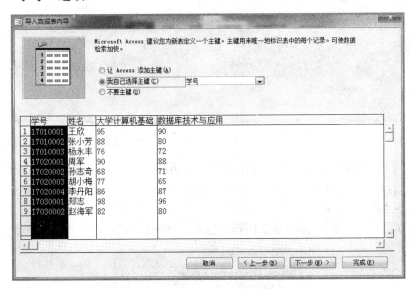

图 2-45　"导入数据表向导"第 4 个对话框

（8）单击"下一步"按钮，弹出"导入数据表向导"第 5 个对话框，为导入的表命名，本例使用默认表名"考试成绩"。

（9）单击"完成"按钮，弹出"获取外部数据-Excel 电子表格"第 2 个对话框，本例取消"保存导入步骤"复选框的选中状态，单击"关闭"按钮，完成外部数据的导入。

2. 数据的导出

在操作数据库过程中，有时需要将 Access 表中的数据转换成其他文件格式保存，如文本文件（.txt）、Excel 工作表（.xlsx）、XML 文件、PDF 或 XPS 文件等，通过导出操作可完成数据表数据的导出。

【例 2.18】将"教学管理"数据库的"课程"表导出，包含格式和布局，保存到"D:\数据库"文件夹，并命名为"课程.txt"。

操作步骤如下。

（1）打开"教学管理"数据库，选择"课程"表。

（2）单击"外部数据"选项卡"导出"组中的"文本文件"按钮，弹出"导出-文本文件"第 1 个对话框，如图 2-46 所示。

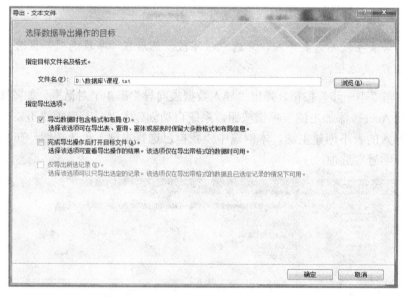

图 2-46　"导出-文本文件"第 1 个对话框

（3）单击"浏览"按钮，在"保存文件"对话框中选择"D:\数据库"文件夹，设置文件名为"课程.txt"，单击"保存"按钮，返回"导出-文本文件"对话框。

（4）选中"导出数据时包含格式和布局"复选框，单击"确定"按钮。弹出"对'课程'的编码方式"对话框，如图 2-47 所示，选中"Windows(默认)"单选按钮。

图 2-47　"对'课程'的编码方式"对话框

（5）单击"确定"按钮，弹出"导出-文本文件"第 2 个对话框。取消"保存导出步骤"复选框的选中状态，单击"关闭"按钮，完成数据的导出。

（6）在"D:\数据库"文件夹中，双击"课程.txt"，结果如图 2-48 所示。

课程号	课程名	任课教师	学时	学分	课程介绍
001	大学计算机基础	230001	40	2	2
002	数据库设计与应用	230002	68	3	0
003	多媒体技术与应用	230001	20	1	0
004	大学体育	250001	30	1	0
005	大学英语	260002	60	1	0
006	马克思主义原理	280001	45	1	0

图 2-48　"课程.txt"内容

2.2.6　建立表之间的关系

在数据库中，每个表都独立存放一组相关的信息，但每个表不是完全孤立的，表与表之间存在着联系，这就需要创建表与表之间的关系。建立表之间的关系，不仅能将数据库中的多个表连接成一个整体，还能保证多个表之间的数据保持同步操作，可快速从不同表中提取相关的信息。

1．创建表间关系

Access 可以直接建立表之间一对一的关系（联系）和一对多的关系（联系），表之间的关系是通过公共字段（字段名不一定相同）建立的。建立两个表一对一的关系时，两个表的关联字段必须都是相应表的主键；建立两个表一对多的关系时，一般把"一"方的表称作主表，"多"方的表称作子表，两个表的关联字段在主表中必须是主键，在子表中可以是一般字段。

【例 2.19】在"教学管理"数据库中建立"学生""选课""课程""教师"表之间的关系（四个表均已建立了主键）。

操作步骤如下。

（1）打开"教学管理"数据库，单击"数据库工具"选项卡"关系"组中的"关系"按钮，弹出"关系"窗口，并弹出"显示表"对话框，如图 2-49 所示。

（2）分别双击"学生""选课""课程""教师"，将 4 个表添加到关系窗口中，单击"关闭"按钮，结果如图 2-50 所示。

图 2-49　"显示表"对话框

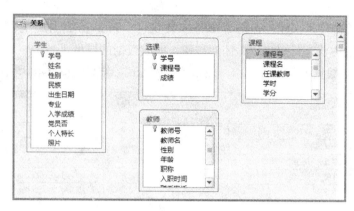

图 2-50　"关系"窗口

（3）选中"学生"表的"学号"字段，并按住鼠标左键将其拖动到"选课"表的"学号"字段上，释放鼠标，弹出"编辑关系"对话框，如图 2-51 所示。

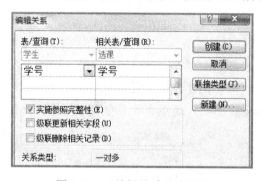

图 2-51　"编辑关系"对话框

（4）选中"实施参照完整性"复选框，单击"创建"按钮，返回"关系"窗口。

（5）参照第（3）步和第（4）步创建"选课"表与"课程"表、"课程"表与"教师"表之间的关系。设置结果如图 2-52 所示。

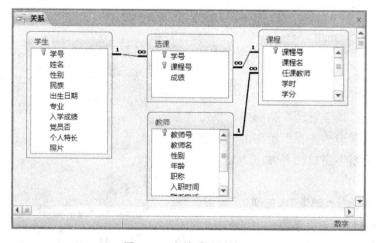

图 2-52　表关系设置结果

建立好两表之间的关系后，可以看到在两个表的相同字段之间出现了一条关系线，"1"端的表是主表，"∞"端的表是相关联表（也称为子表），即主表与相关联表间是一对多的关系。

注意：在建立表间的关系时，相关联的字段名可以不同，但是存放的数据内容要相同，这样才能实施参照完整性。例如，"教师"表的"教师号"与"课程"表的"任课教师"两个字段存放的都是教师号，所以能建立关系。

2. 参照完整性

参照完整性是指在建立了关系的两个表之间插入、删除或修改一个表中的数据时，通过引用相互关联的另一个表中的数据来检查对表的数据操作是否正确，以确保相关联表中记录之间关系的有效性。参照完整性可以在如图 2-51 所示的"编辑关系"对话框中设置。

1）实施参照完整性

如果只选中"实施参照完整性"复选框，则要遵循以下规则。

① 不能在子表的关联字段中输入在主表的主键中不存在的值。

② 如果在子表中存在匹配的记录，则不允许删除主表中的记录，也不允许更改主表中的主键值。

2）级联更新相关字段

如果同时选中"实施参照完整性"和"级联更新相关字段"复选框，则在更改主表中记录的主键值时，会自动更改子表中的对应字段值。

3）级联删除相关记录

如果同时选中"实施参照完整性"和"级联删除相关记录"复选框，则在删除主表中的记录时，会自动删除子表中的相关记录。

3. 编辑表间关系

定义了表间的关系后，可以修改表间关系，也可以删除表间关系。

1）修改表间关系

单击"数据库工具"选项卡"关系"组中的"关系"按钮，弹出"关系"窗口。双击要更改的关系连线，或者单击"设计"选项卡"工具"组中的"编辑关系"按钮，会弹出如图 2-51 所示的"编辑关系"对话框。可以重新选择相关字段与复选框，以确定表之间的新关系。

2）删除表间关系

单击关系连线，按 Delete 键，或者右击关系连线，在弹出的快捷菜单中选择"删除"命令，弹出确认删除的提示框，单击"是"按钮，即可删除表之间的关系。

2.2.7 使用子数据表

建立关系的两个表分别被称为主数据表（主表）和子数据表（子表）。如图 2-52 所示，"选课"表是"学生"表的子数据表，也是"课程"表的子数据表，"课程"表是"教师"表的子数据表。

1. 显示与隐藏子数据表

建立表之间的关系以后，Access 会自动在主表的数据表视图中显示子表数据，即主表的每条记录的左边都有一个关联标记（"展开"按钮或"折叠"按钮），如图 2-53 所示。单击"展开"按钮，则会显示该记录的子数据表，若单击"折叠"按钮，则会隐藏该记录的子数据表。

学生							
学号	姓名	性别	民族	出生日期	专业	入学成绩	党员否	个人特长

17010001	王欣	女	汉族	1999/10/11	外语	525	☑	排球、羽毛球、绘画
课程号	成绩	单击以添加						
001	95							
004	85							
*								
17010002	张小芳	女	苗族	2000/7/10	外语	510	☑	游泳、登山
17010003	杨永丰	男	汉族	1998/12/15	外语	508	☐	绘画、长跑、足球
17020001	周军	男	汉族	2000/5/10	物理	485	☐	登山、篮球、唱歌
17020002	孙志奇	男	苗族	1999/10/11	物理	478	☐	登山、游泳、跆拳道
17020003	胡小梅	女	汉族	1999/11/2	物理	478	☐	旅游、钢琴、绘画
17020004	李丹阳	女	锡伯族	1999/12/15	物理	470	☐	书法、绘画、钢琴
17030001	郑志	男	锡伯族	2000/5/10	计算机	510	☑	登山、足球
17030002	赵海军	男	苗族	1999/8/11	计算机	479	☐	旅游、足球、唱歌

图 2-53 子数据表示例

2. 删除、插入子数据表

【例 2.20】在"学生"表中删除或插入子数据表。

1）删除子数据表

使用数据表视图打开"学生"表，单击"开始"选项卡"记录"组中的"其他"下拉按钮，在打开的下拉列表中选择"子数据表"选项，在弹出的级联菜单中选择"删除"命令，如图 2-54 所示，则展开标记全部隐藏。注意，删除子数据表只是隐藏展开标记，既不会删除表内容，也不会更改表之间的关系。

2）插入子数据表

若要在"学生"表中恢复显示展开标记，可在如图 2-54 所示的级联菜单中选择"子数据表"选项，弹出"插入子数据表"对话框，如图 2-55 所示。选择相关的表，选择相关的链接子字段和链接主字段，单击"确定"按钮，"学生"表中将再次显示展开标记。

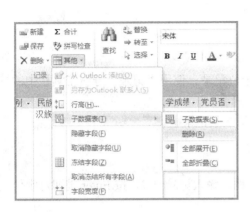

图 2-54　子数据表级联菜单

图 2-55　"插入子数据表"对话框

2.3　维　护　表

在使用数据表时，根据需要会增加或删除一些内容。为了使数据表的结构更加合理，内容更加有效，需要不断地对表进行维护。

2.3.1　修改表结构

修改表结构主要包括添加字段、修改字段、删除字段和重新设置主键等，这些操作既可以在设计视图中完成，也可以在数据表视图中完成。实际应用中经常在设计视图中修改表结构。

1. 添加字段

使用设计视图打开表，将光标定位到要插入字段的位置，单击"设计"选项卡"工具"组中的"插入行"按钮。在新插入的行处输入字段名称，选择数据类型，设置字段属性。

2. 修改字段

使用设计视图打开表，可以进行修改字段名称、重新选择数据类型和修改字段属性等操作。

3. 删除字段

使用设计视图打开表，将光标定位在要删除的字段行上，单击"设计"选项卡"工具"组中的"删除行"按钮，在弹出的对话框中单击"是"按钮。

4. 重新设置主键

使用设计视图打开表，选中要设为主键的字段行，单击"主键"按钮，当前字段被设置为主键，同时表中其他主键被取消。

2.3.2　编辑表中的数据

1. 定位记录

在 Access 中编辑修改数据表之前，要先定位记录。使用"记录"导航工具栏中的按钮可以快速定位表记录。

【例 2.21】将记录指针定位到"教师"表第 7 条记录上。

操作步骤如下。

（1）使用数据表视图打开"教师"表。

（2）单击"教师"表下侧的"当前记录"框，输入记录号 7，按 Enter 键即可定位到该记录，如图 2-56 所示。

图 2-56　定位记录

2. 选择记录

在数据表视图中，使用鼠标可以快速选择记录或数据，操作方法如表 2-6 所示。

表 2-6　鼠标操作方法

数据范围	操作方法
字段中的部分数据	在数据开始处单击，按住并拖动鼠标指针至结尾处
字段中的全部数据	移动鼠标指针到字段边框处，当鼠标指针变为"✥"时，单击
相邻多字段中的数据	移动鼠标指针到开始字段边框处，当鼠标指针变为"✥"时，拖动鼠标指针到最后一个字段尾部
一列数据	单击该列的字段选定器
相邻多列数据	移动鼠标指针到开始列的字段名处，当鼠标指针变为"↓"时，拖动鼠标指针到选定范围结尾列
一条记录	单击该记录的记录选定器
相邻多条记录	单击开始记录的记录选定器，拖动鼠标指针到选取范围的最后一条记录
所有记录	单击字段名行最左侧的"全选"按钮

3. 添加记录

Access 只能在数据表的最后一行（即空白行）添加新记录。在数据表视图中，将光标定位到最后一行，直接输入要添加的数据，或者单击"记录"导航工具栏中的"新（空白）记录"按钮，将光标自动定位到最后一行，然后输入要添加的数据。

4. 删除记录

在数据表视图中选中要删除的记录，单击"开始"选项卡"记录"组中的"删除"按钮，在弹出的删除记录提示框中，单击"是"按钮。

注意：被删除的记录是不能恢复的。

5. 修改数据

在数据表视图中，将光标定位在要修改数据的字段上，直接修改即可。

6. 复制数据

在输入或编辑数据时，有些数据可能相同或相似，可以使用复制、粘贴的方法完成。

2.3.3　调整表的外观

在数据表视图下，表中的数据按 Access 2010 默认的格式显示。在使用时可以改变表中数据的显示格式，包括改变字段显示顺序，调整行高和列宽，隐藏和冻结字段列，改变字体、样式等。

1. 改变字段显示顺序

在数据表视图中浏览表记录时，字段的显示顺序与建表结构的字段次序相同。在实际应用中，可以根据需要改变字段的显示顺序。

【例 2.22】将"教师"表中"职称"字段移到第一列。

操作步骤如下。

（1）使用数据表视图打开"教师"表。

（2）单击"职称"列字段选定器，选中该字段列。

（3）拖动"职称"列字段选定器到数据表最左边，如图 2-57 所示。

图 2-57　改变字段显示顺序

在数据表视图中移动字段，只改变其在数据表中的显示顺序，并不会改变设计视图中字段的排列顺序。

2. 调整行高和列宽

调整数据表的行高和列宽可以使用以下两种方法。

1）使用鼠标调整

使用数据表视图打开表后，将鼠标指针放在两条记录或字段的选定器之间，当鼠标指针变为双向箭头时拖动鼠标，即可改变行高或列宽。

2）使用命令调整

使用数据表视图打开表后，选择要调整的记录行或字段列后，单击"开始"选项卡"记录"组中的"其他"下拉按钮，在打开的下拉列表中选择"行高"或"字段宽度"选项，直接输入要调整的行高值或列宽值即可。

3. 隐藏/取消隐藏列

在数据表视图中，为了便于查看主要数据，可以将不需要的字段列暂时隐藏起来，需要时再显示出来。

【例 2.23】将"教师"表中"联系电话"字段列隐藏。

操作步骤如下。

（1）使用数据表视图打开"教师"表，单击"联系电话"列任意单元格。

（2）单击"开始"选项卡"记录"组中的"其他"下拉按钮，在打开的下拉列表中选择"隐藏字段"选项；或者右击字段选定器，在弹出的快捷菜单中选择"隐藏字段"命令，此时"联系电话"列被隐藏起来。

【例 2.24】显示"教师"表中隐藏的字段列。

操作步骤如下。

（1）使用数据表视图打开"教师"表。

（2）单击"开始"选项卡"记录"组中的"其他"下拉按钮，在打开的下拉列表中选择"取消隐藏字段"选项；或者右击字段选定器，在弹出的快捷菜单中选择"取消隐藏字段"命令，此时会弹出"取消隐藏列"对话框，如图 2-58 所示。

图 2-58　"取消隐藏列"对话框

（3）在“列”列表中选中要显示列的复选框“联系电话”，单击“关闭”按钮，隐藏的“联系电话”列就会显示出来。

4. 冻结/取消冻结列

在操作数据表时，常常会遇到列数很多、很宽的数据表，屏幕无法显示全部字段列，需要使用水平滚动条来浏览屏幕中未能显示的字段列。但是使用水平滚动条会无法看到数据表最前面的字段（尤其是关键字段），从而影响了数据的查看。

Access 提供了冻结列的功能，当某个（或某几个）字段列被冻结后，无论怎样水平滚动窗口，这些被冻结的列总是可见的，并且它们总是显示在窗口的最左边。

【例 2.25】冻结“学生”表中的“姓名”字段列。

操作步骤如下。

（1）使用数据表视图打开“学生”表，单击“姓名”字段列任意单元格。

（2）单击“开始”选项卡“记录”组中的“其他”下拉按钮，在打开的下拉列表中选择“冻结字段”选项；或者右击字段选定器，在弹出的快捷菜单中选择“冻结字段”命令。

（3）移动水平滚动条，可以看到“姓名”字段列始终显示在窗口左侧，如图 2-59 所示。

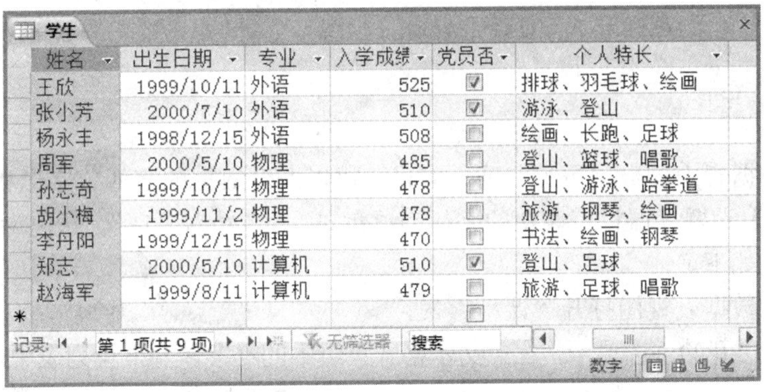

姓名	出生日期	专业	入学成绩	党员否	个人特长
王欣	1999/10/11	外语	525	☑	排球、羽毛球、绘画
张小芳	2000/7/10	外语	510	☑	游泳、登山
杨永丰	1998/12/15	外语	508	☐	绘画、长跑、足球
周军	2000/5/10	物理	485	☐	登山、篮球、唱歌
孙志奇	1999/10/11	物理	478	☐	登山、游泳、跆拳道
胡小梅	1999/11/2	物理	478	☐	旅游、钢琴、绘画
李丹阳	1999/12/15	物理	470	☐	书法、绘画、钢琴
郑志	2000/5/10	计算机	510	☑	登山、足球
赵海军	1999/8/11	计算机	479	☐	旅游、足球、唱歌

图 2-59　冻结后的数据表

取消冻结列的方法是单击“开始”选项卡“记录”组中的“其他”下拉按钮，在打开的下拉列表中选择“取消冻结所有字段”选项；或者右击任意字段名，在弹出的快捷菜单中选择“取消冻结所有字段”命令。

5. 设置数据表格式

在数据表视图中，可以设置数据表单元格的显示效果、网格线的显示方式和颜色、表格的背景颜色等。

【例 2.26】设置“教师”表中的单元格效果为“凸起”，背景色为“浅蓝”，网格线颜色为“红色”，其他各项选用默认样式。

操作步骤如下。

（1）使用数据表视图打开"教师"表。

（2）单击"开始"选项卡"文本格式"组右下角的"设置数据表格式"按钮，弹出"设置数据表格式"对话框，如图 2-60 所示。

（3）单元格效果设置为"凸起"，背景色设置为"浅蓝"，网格线颜色设置为"红色"。

（4）单击"确定"按钮，结果如图 2-61 所示。

图 2-60　"设置数据表格式"对话框 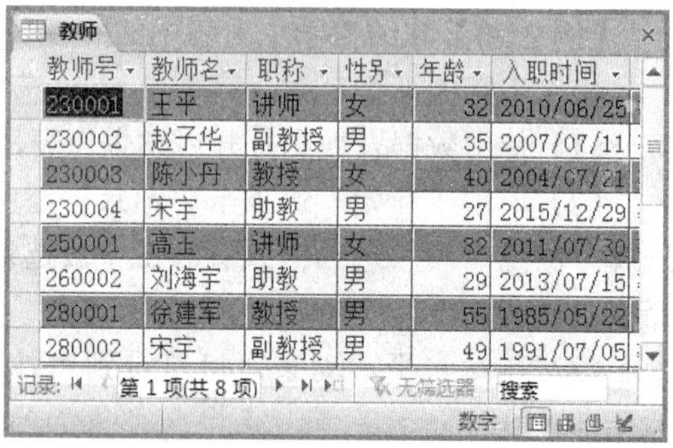　　　　　图 2-61　设置格式后的教师表

6. 改变数据字体

为了使数据表中的数据更加美观、醒目，可以改变数据的字体、字形和字号等。

【例 2.27】设置"课程"表中的字体为"隶书"，字号为"14"，颜色为"紫色"。

操作步骤如下。

（1）使用数据表视图打开"课程"表。

（2）单击"开始"选项卡，在"文本格式"组中的"字体"下拉列表中选择"隶书"，在"字号"下拉列表中选择"14"，在"字体颜色"下拉列表中选择"紫色"。结果如图 2-62 所示。

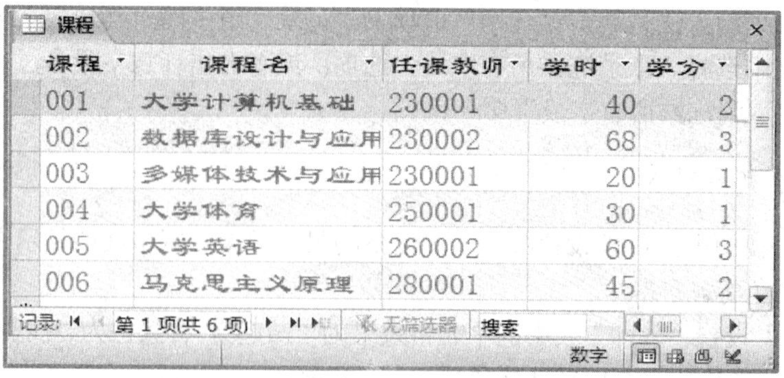

图 2-62　设置数据表的字体格式

2.4　操　作　表

表创建完成后，可以对表中的数据进行查找、替换、排序和筛选等操作，以便更有效地查看和管理数据。

2.4.1　查找与替换数据

当需要在数据库中查找所需要的特定信息或替换某个数据时，可以使用 Access 提供的查找和替换功能实现。

1.　查找指定的内容

【例 2.28】查找"教师"表中"职称"是"教授"的教师信息。

操作步骤如下。

（1）使用数据表视图打开"教师"表，单击"职称"字段列任意单元格。

（2）单击"开始"选项卡"查找"组中的"查找"按钮，弹出"查找和替换"对话框，如图 2-63 所示。在"查找内容"文本框中输入"教授"。

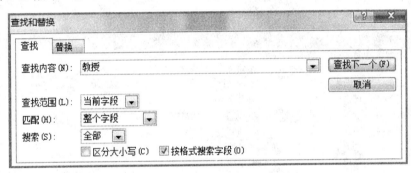

图 2-63　"查找和替换"对话框

（3）单击"查找下一个"按钮，显示找到符合条件的第 1 条记录，连续单击"查找下一个"按钮，可查出所有职称为教授的记录。

（4）单击"取消"按钮，结束查找。

对话框中部分选项的含义如下。

①"查找范围"下拉列表："当前字段"选项表示在当前鼠标指针所在的字段里进行查找，"当前文档"选项表示在整个数据表范围内进行查找。

②"匹配"下拉列表："整个字段"选项表示字段内容必须与"查找内容"文本框中的文本完全一致，"字段任何部分"选项表示"查找内容"文本框中的文本可包含在字段中的任何位置，"字段开头"选项表示字段必须是以"查找内容"文本框中的文本开头。

③"搜索"下拉列表：该列表中包含"全部""向上""向下"三种搜索方式。

在数据的查找过程中，可以使用通配符对数据的部分信息进行查找，通配符的用法如表 2-7 所示。

表 2-7　通配符的用法

字符	说明	示例
*	通配任意多个字符	“wh*”可以找到 what、white 和 why，但找不到 awhile 或 watch
?	通配任意单个字符	“b?ll”可以找到 ball、bill 和 bell，但找不到 beell
[]	通配方括号内的任意单个字符	“b[ae]ll”可以找到 ball 和 bell，但找不到 bill 或 bull
!	通配任意不在方括号内的字符	“b[!ae]ll”可以找到 bill 和 bull，但找不到 ball 或 bell
-	通配范围内的任意单个字符。必须以递增排列顺序来指定区域（A 到Z，而不是Z 到A）	“b[a-c]d”可以找到 bad、bbd 和 bcd，但找不到 bdd 或 babd
#	通配任意单个数字字符	“2#5”可以找到 205、215 和 255，但找不到 2115

如果把上面的查找内容改为“?教授”，将找到所有职称是教授或副教授的教师信息。

在 Access 2010 中，还可以使用“记录”导航工具栏快速定位要查找的记录。

【例 2.29】 查找“教师”表中职称是“助教”的教师的信息。

操作步骤如下。

（1）使用数据表视图打开“教师”表。

（2）在“记录”导航工具栏的“搜索”框中输入“助教”，此时光标直接定位到要找的第 1 条含“助教”的记录，如图 2-64 所示。按 Enter 键，可依次找到其他含“助教”的记录。

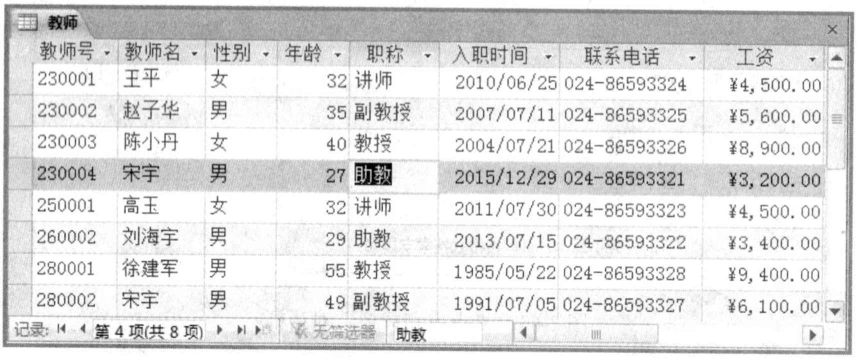

教师号	教师名	性别	年龄	职称	入职时间	联系电话	工资
230001	王平	女	32	讲师	2010/06/25	024-86593324	¥4,500.00
230002	赵子华	男	35	副教授	2007/07/11	024-86593325	¥5,600.00
230003	陈小丹	女	40	教授	2004/07/21	024-86593326	¥8,900.00
230004	宋宇	男	27	助教	2015/12/29	024-86593321	¥3,200.00
250001	高玉	女	32	讲师	2011/07/30	024-86593323	¥4,500.00
260002	刘海宇	男	29	助教	2013/07/15	024-86593322	¥3,400.00
280001	徐建军	男	55	教授	1985/05/22	024-86593328	¥9,400.00
280002	宋宇	男	49	副教授	1991/07/05	024-86593327	¥6,100.00

图 2-64　使用“记录”导航工具栏查找

2. 查找空值

在 Access 中，如果某条记录的某个字段没有存储数据，则称该字段的值为空值（Null）。查找空值的方法同例 2.28，在如图 2-63 所示的“查找和替换”对话框中的“查找内容”文本框中输入“Null”，在“匹配”下拉列表选择“整个字段”或“字段开头”选项，单击“查找下一个”按钮，即可定位到空值记录。

注意： 空值与空字符串是两个不同的概念，空字符串是用定界符双引号括起来的长度值为零的字符串，如"",双引号之间没有任何字符。当需要查找空字符串时，可以在“查找内容”文本框中输入“""”。

3. 替换数据

当需要批量修改表中多处相同的数据时，可以使用替换功能，以加快修改数据的速度。

【例 2.30】将"学生"表中的"专业"字段值"外语"全部替换为"英语"。

操作步骤如下。

（1）使用数据表视图打开"学生"表，单击"专业"字段列任意单元格。

（2）单击"开始"选项卡"查找"组中的"替换"按钮，弹出"查找和替换"对话框，如图 2-65 所示。在"查找内容"文本框中输入"外语"，在"替换为"文本框中输入"英语"。

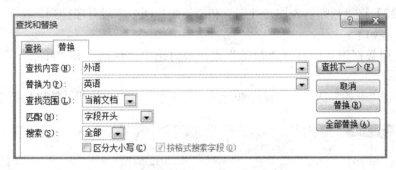

图 2-65 设置"查找和替换"选项

（3）单击"全部替换"按钮，弹出"你将不能撤销该替换操作。是否继续?"提示框。单击"是"按钮，完成全部替换。

2.4.2 排序记录

数据排序是最常用的数据处理方法，是根据当前数据表中的一个或多个字段的值，将整个数据表中的全部记录重新排列先后顺序。

1. 排序规则

当排序记录时，不同的字段类型的排序规则有所不同，具体规则如下。

（1）数字型或货币型数据：按其数值的大小排序。

（2）日期/时间型数据：越早的日期、时间越小。

（3）是/否型数据："是"（即 True）小于"否"（即 False）。

（4）空值数据：空值（Null）最小。

（5）文本型数据：从左到右逐个字符进行比较，直到出现两个不同的字符为止，根据这两个字符的大小判断两个字符串的大小。

① 英文字母：不区分大小写，按字母的顺序排序，即 A（a）<B（b）<…<Z（z）。

② 文本数字：按数字的大小顺序排序，即 0<1<…<9。

③ 汉字：按其所对应的汉语拼音顺序（即字典的顺序）排序，安（an）<王（wang）。

④ 文本型数据总体排列规则：文本数字<英文字母<汉字。

2. 单字段排序

【例 2.31】将"教师"表按"工资"升序排列。

操作步骤如下。

（1）使用数据表视图打开"教师"表，单击"工资"字段列的任意单元格。

（2）单击"开始"选项卡"排序和筛选"组中的"升序"按钮。

3. 多字段排序

对数据表的多字段排序主要有两种方法：一种是利用工具栏的排序按钮，另一种是利用窗口中的高级排序。

【例 2.32】将"教师"表按"性别"和"年龄"两个字段升序排列。

操作步骤如下。

（1）使用数据表视图打开"教师"表，同时选中"性别"和"年龄"两个相邻字段列。

（2）单击"开始"选项卡"排序和筛选"组中的"升序"按钮，结果如图 2-66 所示。

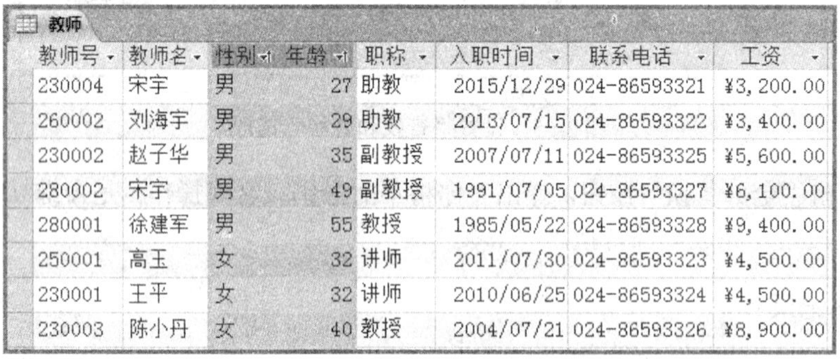

图 2-66 排序结果

说明：使用"升序"或"降序"按钮对两个字段排序时，只能对相邻的字段按同一次序排序。若要对不相邻的字段排序，或者两个字段按不同的次序排序，需要使用"高级筛选/排序"命令。

【例 2.33】在"教师"表中，先按"职称"升序排列，再按"工资"降序排列。

操作步骤如下。

（1）使用数据表视图打开"教师"表。

（2）单击"开始"选项卡"排序和筛选"组中的"高级"下拉按钮，在打开的下拉列表中选择"高级筛选/排序"选项，弹出"筛选"窗口，如图 2-67 所示。

（3）在设计网格区中的第 1 列的字段行选择"职称"选项，排序行选择"升序"选项；第 2 列的字段行选择"工资"选项，排序行选择"降序"选项。

（4）单击"排序和筛选"组中的"切换筛选"按钮，或者选择"高级"下拉列表中的"应用筛选/排序"选项，结果如图 2-68 所示。

图 2-67　"筛选"窗口　　　　　　　　　　　图 2-68　排序结果

在指定排序次序后，单击"开始"选项卡的"排序和筛选"组中的"取消排序"按钮，可以取消记录的排序，恢复到数据表的原始状态。

2.4.3　筛选记录

使用数据表时，常常需要从大量数据中筛选出一部分进行操作和处理。Access 2010 提供了按选定内容筛选、使用筛选器筛选、按窗体筛选及高级筛选四种筛选方法。执行筛选后，只显示满足条件的记录，不满足条件的记录暂时被隐藏起来。

1. 按选定内容筛选

按选定内容筛选是先在表中选定某个字段要筛选的值，然后选择筛选条件，在表中查找该值并显示。

【例 2.34】在"教师"表中筛选出性别为"女"的教师。

操作步骤如下。

（1）使用数据表视图打开"教师"表。在"性别"字段中找到"女"并选中。

（2）单击"开始"选项卡"排序和筛选"组中的"选择"下拉按钮，在打开的下拉列表中选择"等于"女""选项，或者单击"切换筛选"按钮，则筛选出"女"教师的记录，如图 2-69 所示。再次单击"切换筛选"按钮，可以取消筛选。

教师号 ▾	教师名 ▾	性别 ▾	年龄 ▾	职称 ▾	入职时间 ▾	联系电话 ▾	工资 ▾
230001	王平	女	32	讲师	2010/06/25	024-86593324	¥4,500.00
230003	陈小丹	女	40	教授	2004/07/21	024-86593326	¥8,900.00
250001	高玉	女	32	讲师	2011/07/30	024-86593323	¥4,500.00

图 2-69　筛选结果

2. 使用筛选器筛选

Access 的筛选器类似 Excel 的数据筛选，可以通过设置筛选条件进行筛选。

【例 2.35】 在"教师"表中筛选出职称为"讲师"的教师。

操作步骤如下。

（1）使用数据表视图打开"教师"表。单击"职称"字段列任一单元格。

（2）单击"开始"选项卡"排序和筛选"组中的"筛选器"按钮，或者单击"职称"字段名右侧的下拉按钮，弹出如图 2-70 所示的列表。

（3）取消"全选"复选框的选中状态，选中"讲师"复选框，单击"确定"按钮，系统将显示筛选结果。

筛选器中所显示的数据类型取决于当前字段的数据类型和字段值，图 2-70 所示为文本筛选器选项，图 2-71 所示为数字筛选器选项。

图 2-70　文本筛选器选项　　　　　　　图 2-71　数字筛选器选项

3. 按窗体筛选

按窗体筛选能实现按多个字段值进行筛选。筛选时，数据表变成一条记录，可以从每个字段的下拉列表中选取一个值作为筛选条件。

【例 2.36】 在"学生"表中筛选出"女"生"党员"和"男"生"计算机"专业的学生。

操作步骤如下。

（1）使用数据表视图打开"学生"表。

（2）单击"开始"选项卡"排序和筛选"组中的"高级"下拉按钮，在打开的下拉列表中选择"按窗体筛选"选项，弹出"按窗体筛选"第 1 组条件窗口，如图 2-72 所示，在"性别"字段的下拉列表选择"女"选项，选中"党员否"复选框。

图 2-72 "按窗体筛选"第 1 组条件窗口

（3）单击窗体底部的"或"标签，弹出"按窗体筛选"第 2 组条件窗口，如图 2-73 所示，在"性别"字段的下拉列表中选择"男"选项，"专业"字段的下拉列表中选择"计算机"选项。

图 2-73 "按窗体筛选"第 2 组条件窗口

（4）单击"开始"选项卡"排序和筛选"组中的"切换筛选"按钮，显示筛选结果，如图 2-74 所示。

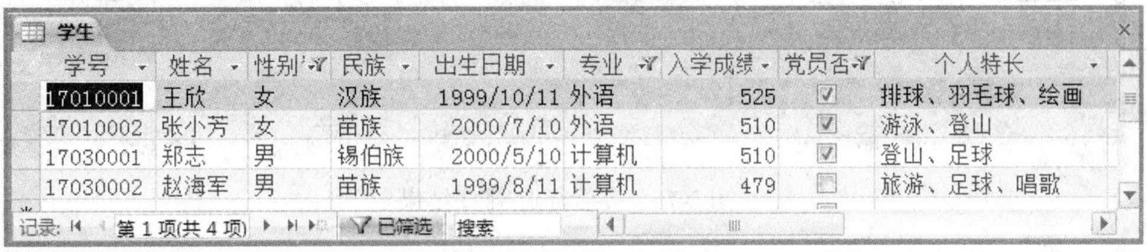

学号	姓名	性别	民族	出生日期	专业	入学成绩	党员否	个人特长
17010001	王欣	女	汉族	1999/10/11	外语	525	☑	排球、羽毛球、绘画
17010002	张小芳	女	苗族	2000/7/10	外语	510	☑	游泳、登山
17030001	郑志	男	锡伯族	2000/5/10	计算机	510	☑	登山、足球
17030002	赵海军	男	苗族	1999/8/11	计算机	479	☐	旅游、足球、唱歌

记录: ◄ ◄ 第 1 项(共 4 项) ► ►► ▼ 已筛选 搜索

图 2-74 筛选结果

4. 高级筛选

高级筛选可以筛选出符合多重条件的记录，可以自己编写筛选条件，并对结果进行排序。

【例 2.37】在"教师"表中筛选出"2005 年以前（含 2005 年）"入职的"男"教师信息，按"年龄"升序排列。

操作步骤如下。

（1）使用数据表视图打开"教师"表。

（2）单击"开始"选项卡"排序和筛选"组中的"高级"下拉按钮，在打开的下拉列表中选择"高级筛选/排序"选项，弹出"筛选"窗口，如图 2-75 所示。

（3）"字段"行的前 3 列分别选择"性别""入职时间""年龄"字段；"条件"行的"性别"列输入"男"，"入职时间"列输入"Year([入职时间])<=2005"；"排序"行的"年龄"列选择"升序"选项。

图 2-75　设置筛选条件和排序

（4）单击"开始"选项卡"排序和筛选"组中的"切换筛选"按钮，显示筛选结果，如图 2-76 所示。

图 2-76　高级筛选/排序结果

5. 清除筛选

在设置筛选后，如果不再需要筛选时应该将它清除，恢复筛选前的状态，否则会影响下一次筛选。单选"开始"选项卡"排序和筛选"组中的"切换筛选"按钮，或者从"高级"下拉列表中选择"清除所有筛选器"选项，即可把所设置的筛选清除掉。

习　　题

1. 在 Access 2010 中，创建一个新的数据库文件，其扩展名为（　　）。

A．.accdb　　　　　　B．.mdb　　　　　　C．.png　　　　　　D．.dbf

2. 邮政编码是由 6 位数字组成的字符串，以下关于邮政编码设置输入掩码的格式中，正确的是（　　）。

A．000000　　　　B．CCCCCC　　　　C．999999　　　　D．XXXXXX

3. 下列关于 Access 索引的叙述中，正确的是（　　）。

A．同一个表可以有多个唯一索引，但只能有一个主索引

　　B．同一个表只能有一个唯一索引，且只有一个主索引

　　C．同一个表可以有多个唯一索引，且可以有多个主索引

　　D．同一个表只能有一个唯一索引，但可以有多个主索引

4．如果要求将某字段的显示位置固定在窗口左侧，则可以进行的操作是（　　　）。

　　A．隐藏列　　　　　B．排序　　　　　C．冻结列　　　　　D．筛选

5．在 Access 数据表中删除一条记录，被删除的记录（　　　）。

　　A．可以恢复到原来的位置　　　　　B．可以被恢复为第一条记录

　　C．可以被恢复为最后一条记录　　　D．不能恢复

6．如果要在表中建立需要存放 Word 文档的字段，则其数据类型应当为（　　　）。

　　A．文本类型　　　　B．货币类型　　　　C．是/否类型　　　　D．OLE 对象类型

7．下列关于关系数据库中数据表的描述中，正确的是（　　　）。

　　A．数据表相互之间存在联系，但用独立的文件名保存

　　B．数据表相互之间存在联系，用表名表示相互间的联系

　　C．数据表相互之间不存在联系，完全独立

　　D．数据表既相对独立，又相互联系

第3章 查 询

查询是 Access 进行数据检索并对数据进行分析、计算、更新及其他加工处理的数据库对象。查询是从一个或多个表中提取数据并进行加工处理而生成的。查询结果可以作为窗体、报表或数据访问页等其他数据库对象的数据源。本章将介绍查询的功能、类型、创建和使用方法等。

3.1 查 询 概 述

在设计数据库时,经常会把数据分类,并分别存放在多个表中,但在使用时需要检索一个或多个表中符合条件的数据。例如,在"教学管理"数据库中检索学生的学号、姓名、课程名、成绩等数据,就需要通过创建查询来实现。查询是 Access 数据库中的重要对象,是用户按照一定条件从表或已建立的查询中检索需要的数据的最主要的方法。

在数据库中保存查询时,并非保存查询的结果,而是保存 SQL 命令。只有执行查询时,才按要求从数据源中提取相应的数据记录,因此查询是一个动态的数据集。

3.1.1 查询的功能

Access 中的查询可以实现以下功能。

(1)选择数据。查询可以从一个或多个数据表中选择需要的记录或字段,根据用户的要求,创建一个新的数据集。例如,显示"学生"表中女学生的姓名、性别、专业和入学成绩信息。

(2)分析与计算。可以在建立查询的过程中对数据表进行各种统计计算。例如,统计每个专业的学生人数,计算每门课程的平均成绩等。

(3)编辑记录与建立新表。利用查询操作可以添加、修改和删除数据表中的记录,例如,将"教师"表中所有教师的工资增加 200 元。也可以将利用查询得到的结果建立一个新表,例如,将"教师"表中职称为教授或副教授的教师的信息存储在一个新表中。

(4)为窗体和报表提供数据。查询是经过处理的数据集合,可以作为一个对象存储,适合作为报表或窗体的数据源。

3.1.2 查询的类型

Access 支持选择查询、参数查询、交叉表查询、操作查询和 SQL 查询五种查询类型。

1)选择查询

选择查询是最常见的一种查询,它从若干个表或查询中检索数据,并按照所需要的排列次序显示。选择查询也可以对记录进行分组,并对记录进行总计、计数及求平均值等计算。

2）参数查询

参数查询在执行时会弹出对话框，提示用户输入必要的信息（参数），然后按照这些信息进行查询。在参数查询中，用户可以以交互的方式设置一个或多个条件。

3）交叉表查询

交叉表查询类似于一张 Excel 数据透视表，可以重新组织数据表的结构，对记录分组进行合计、平均值、计数或其他类型的汇总操作。

4）操作查询

操作查询是在一个操作中更改许多记录的查询，操作查询可分为以下四种类型。

（1）删除查询：从一个或多个表中删除一组记录。

（2）更新查询：对一个或多个表中的一组记录进行批量更改。

（3）追加查询：将一个或多个表中的一组记录添加到另一个表的尾部。

（4）生成表查询：根据一个或多个表中的全部或部分数据新建表。

5）SQL 查询

SQL 查询是使用 SQL 语句创建的查询。Access 中建立的所有查询都对应一个 SQL 语句。利用查询向导或查询设计器创建查询时，系统会自动生成与查询对应的 SQL 语句。对于复杂的不能用查询向导或查询设计器创建的查询，必须使用 SQL 语句来创建。

3.2 选 择 查 询

选择查询是根据指定的条件，从一个或多个数据源中获取数据的查询，是最常见的查询类型。创建选择查询有两种方法：一是使用查询向导创建查询，二是使用设计视图创建查询。

3.2.1 使用查询向导创建查询

使用查询向导创建查询简单、快捷，用户只需按照操作提示选择表或字段即可创建查询，但不能设置查询条件。

1. 使用简单查询向导

通过简单查询向导可以创建简单查询，并可以确定采用明细查询或汇总查询。

【例 3.1】在"教学管理"数据库中，查找"学生"表中的记录，显示"姓名""性别""出生日期""专业"四个字段，使用默认的标题作为查询名。

操作步骤如下。

（1）打开"教学管理"数据库，单击"创建"选项卡"查询"组中的"查询向导"按钮，弹出"新建查询"对话框，如图 3-1 所示。

（2）选择"简单查询向导"选项，单击"确定"按钮，弹出"简单查询向导"第 1 个对话框，如图 3-2 所示。在"表/查询"的下拉列表中选择"表: 学生"选项。在"可用字段"列表中，依次双击"姓名""性别""出生日期""专业"字段，将它们添加到"选定字段"列表中。

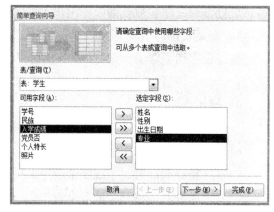

图 3-1 "新建查询"对话框   图 3-2 简单查询向导——选取字段

（3）单击"下一步"按钮，弹出"简单查询向导"第 2 个对话框，如图 3-3 所示。在"请为查询指定标题"文本框中输入要创建的查询的名称，本例使用默认的标题"学生 查询"，选中"打开查询查看信息"单选按钮，单击"完成"按钮，查询结果如图 3-4 所示。

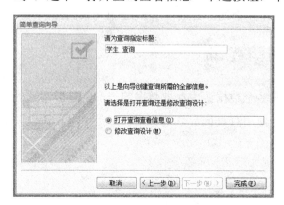

图 3-3 设置查询标题及查看方式   图 3-4 查询结果

【例 3.2】查询每个学生的选课成绩，显示"学号""姓名""课程名""成绩"字段，并将查询命名为"学生选课成绩"。

分析：查询结果要显示的"学号""姓名""课程名""成绩"字段分别来自"学生""课程""选课"三个表，因此，本例是基于三个表建立查询，应先建立三个表之间的关系，然后建立查询。

建立查询的操作步骤如下。

（1）按例 3.1 的操作方法打开"简单查询向导"第 1 个对话框，如图 3-2 所示。在"表/查询"的下拉列表中选择"表: 学生"选项，将"可用字段"列表中的"学号"和"姓名"字段添加到"选定字段"列表中。

（2）在"表/查询"的下拉列表中选择"表: 课程"选项，将可用字段列表中的"课程名"字段添加到"选定字段"列表中；使用同样的方法，将"表: 选课"中的"成绩"字段添加到"选定字段"列表中，结果如图 3-5 所示。

（3）单击"下一步"按钮，弹出"简单查询向导"第 2 个对话框，如图 3-6 所示。图中有"明细（显示每个记录的每个字段）"和"汇总"两个单选按钮。选择明细查询，针对的是每条记录；选择汇总查询，是对一组或全部记录进行各种统计。本例选择明细查询。

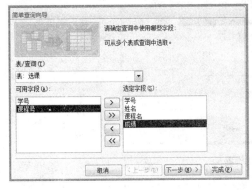

图 3-5 字段选定结果

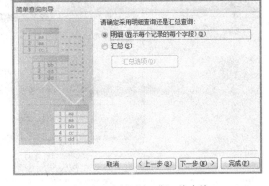

图 3-6 选择明细或汇总查询

（4）单击"下一步"按钮，弹出"简单查询向导"第 3 个对话框，如图 3-7 所示。在"请为查询指定标题"文本框中输入要创建的查询名"学生选课成绩"，单击"完成"按钮，查询结果如图 3-8 所示。

图 3-7 输入查询标题

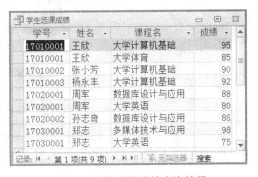

图 3-8 学生选课成绩查询结果

2. 使用查找重复项查询向导

若要在单个数据表或查询中查找重复的记录或字段值，可以使用查找重复项查询向导建立重复项查询。

【例 3.3】查找"教师"表中重名的教师，显示"教师名""教师号""性别""年龄"字段，并将查询命名为"教师重名查询"。

操作步骤如下。

（1）单击"创建"选项卡"查询"组中的"查询向导"按钮，弹出"新建查询"对话框，如图 3-1 所示，选择"查找重复项查询向导"选项，单击"确定"按钮，弹出"查找重复项查询向导"第 1 个对话框，如图 3-9 所示，选择数据源"表: 教师"。

（2）单击"下一步"按钮，弹出"查找重复项查询向导"第 2 个对话框，如图 3-10 所示，将"可用字段"列表中的包含重复字段值的"教师名"字段添加到"重复值字段"列表中。

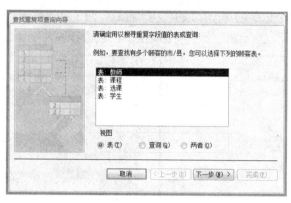

图 3-9　选择数据源

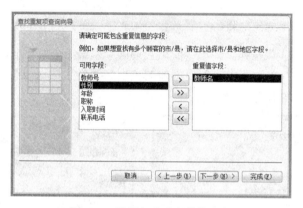

图 3-10　选择包含重复值的字段

（3）单击"下一步"按钮，弹出"查找重复项查询向导"第 3 个对话框，如图 3-11 所示，选择重复值字段外的其他字段，将"教师号""性别""年龄"字段添加到"另外的查询字段"列表中。

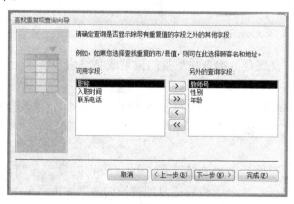

图 3-11　选择重复值字段外的其他字段

（4）单击"下一步"按钮，弹出"查找重复项查询向导"第 4 个对话框，如图 3-12 所示，在"请指定查询的名称"文本框中输入"教师重名查询"，选中"查看结果"单选按钮，单击"完成"按钮，结果如图 3-13 所示。

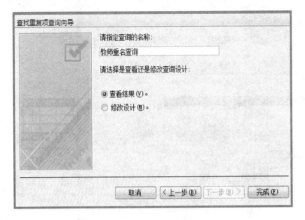

图 3-12 指定查询名　　　　　　　图 3-13 教师重名查询结果

3. 使用查找不匹配项查询向导

若要从指定的表中查找在另一个表中没有相关记录的数据，可以使用查找不匹配项查询向导创建查询。

【例 3.4】查找哪些学生没有选课，显示"学号""姓名""专业"字段，并将查询命名为"未选课学生"。

操作步骤如下。

（1）单击"创建"选项卡"查询"组中的"查询向导"按钮，弹出"新建查询"对话框，选择"查找不匹配项查询向导"选项，单击"确定"按钮，弹出"查找不匹配项查询向导"第 1 个对话框，如图 3-14 所示，选择在查询结果中包含记录的表，即选择"表:学生"选项。

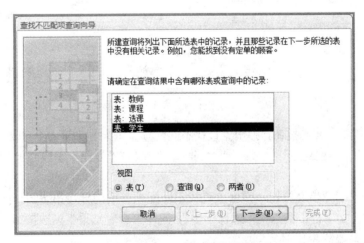

图 3-14 选择在查询结果中包含记录的表

（2）单击"下一步"按钮，弹出"查找不匹配项查询向导"第 2 个对话框，如图 3-15 所示，选择包含相关记录的表，即选择"表: 选课"选项。

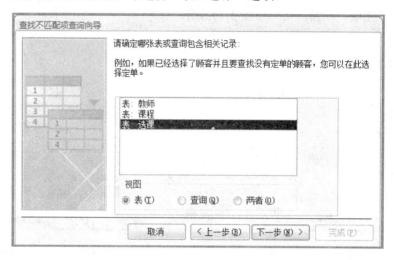

图 3-15　选择包含相关记录的表

（3）单击"下一步"按钮，弹出"查找不匹配项查询向导"第 3 个对话框，如图 3-16 所示。确定在两个表中都有的信息，Access 将自动找出相匹配的字段"学号"。

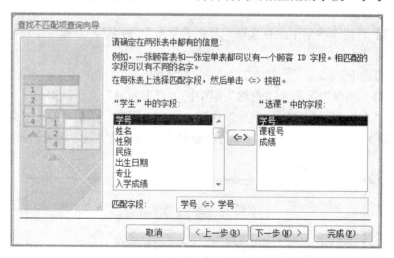

图 3-16　确定在两个表中都有的信息

（4）单击"下一步"按钮，弹出"查找不匹配项查询向导"第 4 个对话框，如图 3-17 所示。确定查询结果要显示的字段，将"学号""姓名""专业"字段添加到"选定字段"列表中。

（5）单击"下一步"按钮，弹出"查找不匹配项查询向导"第 5 个对话框，在"请指定查询名称"文本框中输入"未选课学生"，选中"查看结果"单选按钮，单击"完成"按钮，查询结果如图 3-18 所示。

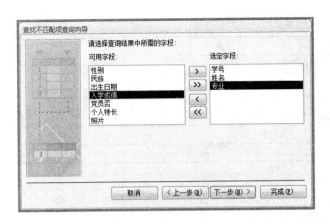

图 3-17　确定查询中要显示的字段　　　　　　图 3-18　未选课学生查询结果

3.2.2　使用设计视图创建查询

使用查询向导虽然可以方便、快捷地创建查询，但只能创建不设条件的查询。当需要创建有条件的查询或对已建立的查询进行修改时，需要使用查询的设计视图来完成。

1. 查询设计视图的组成

在 Access 中，查询有数据表视图、数据透视表视图、数据透视图视图、SQL 视图和设计视图五种视图。在实际应用中，经常使用设计视图来创建查询，使用数据表视图来查看查询的结果。

查询的设计视图的窗口分为两部分，如图 3-19 所示。上半部分是数据来源区，显示查询所使用的表、查询及关系；下半部分是定义查询的设计网格区，用来设置查询所需的字段和条件等。设计网格区中的每一列对应查询动态集中的一个字段，每一行对应字段的属性和要求。每行的作用如表 3-1 所示。

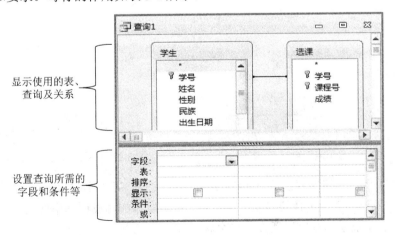

图 3-19　查询设计视图窗口

表 3-1　查询设计网格区中行的作用

行名称	作用
字段	设置查询所需要的字段和用户自定义的字段
表	设置字段所在的表或查询的名称
排序	设置字段的排序方式，包括升序、降序和不排序
显示	设置字段是否在数据表视图（查询结果）中显示
条件	设置字段的限定条件
或	设置逻辑上存在"或"关系的查询条件

2. 创建不设条件的查询

【例 3.5】使用设计视图创建查询，查找并显示教师的"教师名""职称""课程名""学时""学分"，并按"学分"降序排序，将查询保存为"授课教师查询"。

分析：查询结果要显示的"教师名""职称""课程名""学分"字段分别来自"教师"表和"课程"表，因此，本例是基于两个表建立查询，应先建立两个表之间的关系，然后建立查询。

建立查询的操作步骤如下。

（1）单击"创建"选项卡"查询"组中的"查询设计"按钮，弹出"显示表"对话框，如图 3-20 所示。

（2）选择数据源。分别双击"教师"表和"课程"表，将它们添加到设计视图的数据来源区，单击"关闭"按钮，设计视图如图 3-21 所示。

图 3-20　"显示表"对话框

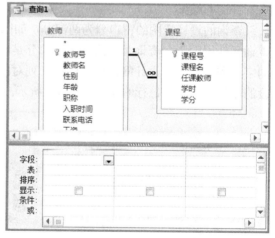

图 3-21　添加表后的设计视图

（3）添加字段。依次双击"教师名""职称""课程名""学时""学分"字段，或从"字段"行的下拉列表中选择要显示的字段名，将字段添加到设计网格区的"字段"行上，同时"表"行上显示这些字段所在表的名称，如图 3-22 所示。

（4）设置排序。单击"学分"字段的排序行，在打开的下拉列表中选择"降序"选项。

（5）保存查询。单击快速访问工具栏中的"保存"按钮，在弹出的"另存为"对话框中的"查询名称"文本框中输入"授课教师查询"，单击"确定"按钮。

（6）查看结果。单击"设计"选项卡"结果"组中的"视图"按钮，或者单击"结果"组中的"视图"下拉按钮，在打开的下拉列表中选择"数据表视图"选项，可切换到数据表视图，授课教师查询结果如图3-23所示。

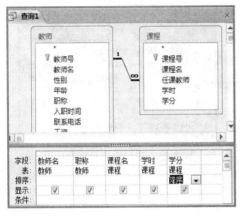

图 3-22　设置查询所需字段

图 3-23　授课教师查询结果

3. 创建有条件的查询

【例 3.6】查询入学成绩高于 475 分的男学生，并显示"姓名""民族""专业""入学成绩"字段，将查询保存为"男学生信息"。

操作步骤如下。

（1）单击"创建"选项卡"查询"组中的"查询设计"按钮，将"学生"表添加到设计视图的数据来源区。

（2）添加字段。双击要显示的字段名，或从"字段"行的下拉列表中选择要显示的字段名，将"姓名""民族""专业""入学成绩""性别"字段添加到设计网格区的"字段"行上，如图3-24所示。

说明：查询结果虽然不显示"性别"字段，但查询条件要用到"性别"字段，所以"字段"行要添加"性别"字段。

（3）设置显示字段。在设计网格区的"显示"行，选中复选框，表示当前字段在查询结果中显示。取消"性别"字段复选框的选中状态。

（4）设置查询条件。在"入学成绩"列的条件行中输入">475"，在"性别"列的条件行中输入"男"。

（5）保存查询，将其命名为"男学生信息"。切换到数据表视图，查询结果如图3-25所示。

图 3-24　设置查询条件

图 3-25　男学生信息查询结果

4. 创建以查询为数据源的查询

【例 3.7】以"男学生信息"查询为数据源，显示"计算机"或"物理"专业的男学生的"姓名""民族""专业""入学成绩"字段，并将查询命名为"计算机物理男学生信息"。

操作步骤如下。

（1）单击"创建"选项卡"查询"组中的"查询设计"按钮，弹出"显示表"对话框，单击"查询"选项卡，如图 3-26 所示。双击"男学生信息"，将其添加到设计视图的数据来源区。

（2）添加查询字段，设置查询条件，如图 3-27 所示，将查询保存为"计算机物理男学生信息"。

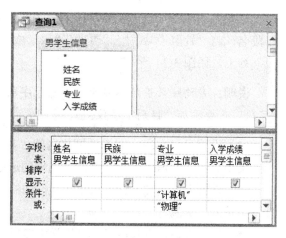

图 3-26　"查询"选项卡

图 3-27　设置"或"条件

3.2.3　查询条件

查询条件是指在查询中用于限制查询范围的条件表达式，用来筛选出符合某种条件的记录。查询条件主要由常量、运算符、字段值、函数及字段名和属性等组成。

1. 常量

常量是指确定的值，查询条件经常使用的常量如表 3-2 所示。

表 3-2　常用的常量

类型	表示方式	举例
数值常量	直接输入	123，12.58，−8
字符串常量	用半角的双引号" "将文本括起来	"张三"，"女"，"123"
日期型常量	用英文符号 # 将日期括起来	#2017-7-31#，#2017/7/31#，#7,31,2017#
逻辑型常量	使用 TRUE 或−1 表示真，使用 FALSE 或 0 表示假	直接输入 TRUE 或 FALSE

2. 运算符

运算符是用来进行算术运算、大小比较、字符串连接和创建复杂关系表达式的符号。

Access 中的运算符类型包括算术运算符、关系运算符、逻辑运算符、字符串连接运算符和特殊运算符等。查询条件中常用的运算符如表 3-3 所示。

表 3-3　查询条件中常用的运算符

类型	运算符	含义	示例	结果
关系运算符	=	等于	3=4	False
	>、>=	大于、大于等于	" AD " >= " AC "	True
	<、<=	小于、小于等于	1<4	True
	<>	不等于	3<>7	True
逻辑运算符	And	与：两侧的表达式都为真时，结果为真	1<4 And 2>5	False
	Or	或：两侧的表达式有一个为真时，结果为真	1<4 Or 2>5	True
	Not	非：结果与其后的表达式相反	Not 4>1	False
特殊运算符	In	确定某个字符串值是否在一组字符串值内	IN("A","B","C")	表示字母 A、B、C 中的一个
	Between A and B	判断表达式的值是否在指定 A 和 B 之间的范围，A 和 B 可以是数字型、日期型和文本型	Between 75 and 85	表示 75～85 中的数
	Like	用于判断表达式的值是否匹配指定的字符串样式 ?：可以匹配任意一个字符 *：可以匹配任意多个字符 #：可以匹配任意一个数字	Like "王*"	表示以"王"开头的字符串
	Is Null	表示为空		
	Is Not Null	表示不为空		

3. 常用函数

函数是事先定义好的一段程序代码，函数有若干个自变量（运算对象），但只有一个运算结果（即函数值）。函数可以用函数名加一对圆括号来调用，其调用的一般形式为函数名([参数 1],[参数 2],…)。Access 中内置了大量函数，详见附录。常用数值函数、文本函数和日期/时间函数的格式和功能如表 3-4～表 3-6 所示。

表 3-4   常用数值函数及功能

函数	函数格式	功能	示例	结果
取整	Int(<数值表达式>)	返回数值表达式的整数部分，参数为负数时，返回小于等于参数值的第一个负数	Int(5.6)	5
			Int(−5.6)	−6
四舍五入	Round(<数值表达式>[,N])	返回按照指定的 N 位小数位数进行四舍五入运算的结果。如果省略 N，默认保留 0 位小数	Round(8.451,1)	8.2
			Round(8.451)	8

表 3-5   常用文本函数及功能

函数	函数格式	功能	示例	结果
字符串长度	Len(<字符表达式>)	返回字符表达式中的字符个数	Len("12345") Len("计算机")	5 3
字符串截取	Left(<字符表达式>,<N>)	从字符表达式左边截取 N 个字符	Left("abcdef",3)	abc
	Right(<字符表达式>,<N>)	从字符表达式右边截取 N 个字符	Right("abcdef",3)	def
	Mid(<字符表达式>,<N1>,[<N2>])	从字符表达式左边第 N1 个字符起截取 N2 个字符，省略 N2，则截取到最后一个字符	Mid("abcdef",2,3)	bcd
			Mid("abcdef",4)	def
字符串检索	InStr([Start,]<Str1>,<Str2>)	检索字符串 Str2 在 Str1 中首次出现的位置，返回一整型数。Start 为数值表达式，设置检索的起始位置，若省略 Start，则从第一个字符开始检索	InStr("98765","65")	4
			InStr(2,"asia","a")	4

表 3-6   常用日期/时间函数及功能

函数	函数格式	功能	示例	结果
截取日期	Day(<日期表达式>)	返回日期表达式中的日	Day(#2017-9-18#)	18
	Month(<日期表达式>)	返回日期表达式中的月份	Month(#2017-9-18#)	9
	Year(<日期表达式>)	返回日期表达式中的年份	Year(#2017-9-18#)	2017
系统日期和时间	Date()	返回当前系统日期	Date()	2017/9/18
	Time()	返回当前系统时间	Time()	8:42:11
	Now()	返回当前系统日期和时间	Now()	2017/9/18 8:42:11
指定年、月、日的日期	DateSerial(<表达式 1>,<表达式 2>,<表达式 3>)	返回由表达式 1 为年，表达式 2 为月，表达式 3 为日组成的日期值	Dateserial(2017,9,18) Dateserial(2017-1,9,18)	2017/9/18 2016/9/18

4. 常用条件表达式示例

在创建查询时，经常使用数值、文本值和日期值等作为条件来限定查询的范围，如表 3-7～表 3-9 所示。

表 3-7　使用数值作为查询条件

字段名	条件	功能
年龄	>50	查询年龄大于 50 的记录
	Between 30 And 40	查询年龄在 30～40 的记录
	>=30 And <=40	
	50 Or 60	查询年龄为 50 或 60 的记录

表 3-8　使用文本值作为查询条件

字段名	条件	功能
职称	"教授"	查询职称为教授的记录
	"教授" Or "副教授"	查询职称为教授或副教授的记录
	Right([职称],2)= "教授"	
	In("教授","副教授")	
姓名	Left([姓名],1)= "赵"	查询姓赵的记录
	Like "赵*"	
	Not Like "赵*"	查询不姓赵的记录
	Len([姓名])<=3	查询姓名为 3 个字（含 3 个字）以下的记录
学号	Mid([学号],3,2)= "02"	查询学号第 3、4 位为 02 的记录

表 3-9　使用日期值作为查询条件

字段名	条件	功能
出生日期	Year([出生日期])=1999	查询 1999 年出生的记录
入职时间	Year([入职时间])>2000	查询 2000 年以后（不含 2000）参加工作的记录
	Month([入职时间])=1	查询 1 月份参加工作的记录
	Year([入职时间])=1991 And Month([入职时间])=7	查询 1991 年 7 月份参加工作的记录
	<Date()-30	查询 30 天前参加工作的记录
	Between #2017-7-1# And #2017-12-31#	查询 2007 年 7 月～12 月参加工作的记录

5. 多条件查询应用

【例 3.8】查找"学号"的第 3、4 位为"01"，成绩在 90～100，出生日期在 1999 年以后（含 1999 年）的学生，显示"学号""姓名""课程名""成绩"字段，并将查询保存为"多条件查询"。

操作步骤如下。

（1）打开查询的设计视图，添加"学生""选课""课程"三个表。

（2）将"学号""姓名""出生日期""课程名""成绩"字段添加到设计网格区的"字段"行，取消"出生日期"的"显示"行复选框的选中状态。

（3）在"学号"的"条件"行输入"Mid([学生].[学号],3,2)="01"";在"出生日期"的"条件"行输入"Year([出生日期])>=1999";在"成绩"的"条件"行输入"Between 90 And 100"，如图 3-28 所示。

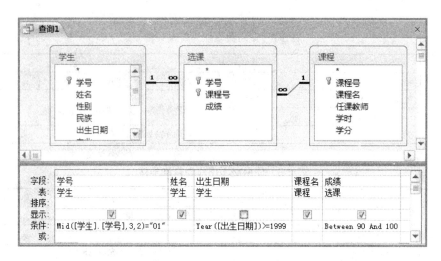

图 3-28   "多条件查询"的查询条件

注意：当不同表中含有相同的字段名时（如"学号"），引用时必须指明是哪个表的字段名，引用方法是[表名].[字段名]或[表名]![字段名]。

（4）保存查询，将其命名为"多条件查询"。

3.3   在查询中实现计算

在实际应用中，经常需要在查询中进行计算，如统计每个专业的平均成绩和各职称的教师人数，计算学生的学分等。

3.3.1   查询中的计算类型

Access 查询可以实现预定义计算和自定义计算两种类型的计算。

1. 预定义计算

预定义计算是 Access 通过函数对查询中的分组记录或全部记录进行"总计"计算，如求总和、平均值、计数、最小值、最大值和标准偏差等。在查询的设计视图中，单击"设计"选项卡"显示/隐藏"组中的"汇总"按钮，可以在设计网格区中显示"总计"行。在"总计"行中选择字段的总计项，对记录进行计算。"总计"行常用选项如表 3-10所示。

表 3-10   "总计"行常用选项及功能

总计项	功能
分组（Group By）	对字段中的数据进行分组
合计（Sum）	计算每一组记录的字段值的总和
平均值（Avg）	计算每一组记录的字段值的平均值
最小值（Min）	计算每一组记录的字段值的最小值

续表

总计项	功能
最大值（Max）	计算每一组记录的字段值的最大值
计数（Count）	统计每一组记录的记录个数，不含空值
标准偏差（StDev）	计算每一组记录的字段值的标准偏差
第一条记录（First）	求每一组记录的第一条记录的字段值
最后一条记录（Last）	求每一组记录的最后一条记录的字段值
表达式（Expression）	创建一个由表达式产生的计算字段
条件（Where）	设置不用于分组的字段条件

2. 自定义计算

自定义计算是指使用一个或多个字段中的数据在每条记录上进行数值、日期或文本计算。对于自定义计算，用户必须在设计网格区中创建新字段，用于存放计算结果。

3.3.2 总计查询

总计查询是通过在查询设计视图中的"总计"行上设置总计项来实现的，用于对查询中的一组记录或全部记录进行计数、求和或求平均值等计算。

1. 简单总计查询（不分组）

【例3.9】统计"学生"表中的学生人数，并将其保存为"统计学生人数"。

操作步骤如下。

（1）打开查询的设计视图，添加"学生"表。

（2）双击"学号"字段，将其添加到设计网格区的"字段"行。

（3）单击"设计"选项卡"显示/隐藏"组中的"汇总"按钮，在设计网格区中插入一个"总计"行，默认值为"Group By"。

（4）单击"Group By"右侧的下拉按钮，在打开的下拉列表中选择"计数"选项，设计结果如图3-29所示。

（5）保存查询，将其命名为"统计学生人数"。切换到数据表视图或运行查询，结果如图3-30所示。

统计结果显示的字段标题是"学号之计数"，可读性较差，可以重新修改字段的标题。Access 常用以下两种方法修改字段的标题，一是在设计网格区的"字段"行单元格直接修改，即将如图3-29所示的"学号"修改为"学生人数:学号"；二是利用"属性表"窗格修改，即选中"学号"列，单击"设计"选项卡"显示/隐藏"组中的"属性表"按钮，在打开的"属性表"窗格中设置"常规"选项卡中的"标题"的属性值为"学生人数"，如图3-31所示，在数据表视图中将会显示新的字段标题"学生人数"。

图 3-29　设置总计项　　图 3-30　"统计学生人数"结果　　图 3-31　"属性表"窗格

2．分组总计查询

在查询中，如果需要对记录进行分类统计，可以在查询中分组，即在设计视图中将用于分组字段的"总计"行设置为"Group By"。

【例 3.10】统计"学生"表每个专业的学生人数，并将其保存为"统计各专业学生人数"。

操作步骤如下。

（1）打开查询的设计视图，添加"学生"表。

（2）将"专业"和"学号"字段添加到设计网格区的"字段"行。

（3）单击"设计"选项卡"显示/隐藏"组中的"汇总"按钮，在设计网格区中插入一个"总计"行，默认值为"Group By"。

（4）将"学号"列的"字段"行修改为"学生人数:学号"，单击"Group By"右侧的下拉按钮，在打开的下拉列表中选择"计数"选项。设计结果如图 3-32 所示。

（5）保存查询，并将其命名为"统计各专业学生人数"。切换到数据表视图，结果如图 3-33 所示。

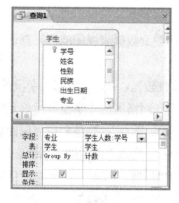

图 3-32　设置分组总计项

图 3-33　"统计各专业学生人数"结果

3. 条件总计查询

在查询中，如果需要对部分记录进行分类统计，可以在设计视图中将用于限定条件字段的"总计"行设置为"Where"，并在"条件"行输入条件。

【例 3.11】统计"学生"表中每个专业的男学生人数，将查询保存为"统计各专业男学生人数"。

操作步骤同例 3.10，在如图 3-34 所示的查询设计视图中，在"字段"行添加"性别"，在"性别"列的"总计"行处单击，在打开的下拉列表中选择"Where"选项，在"条件"行输入"男"。查询的设计结果如图 3-34 所示，数据表视图结果如图 3-35 所示。

 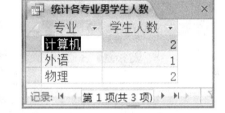

图 3-34 设置有条件的分组　　　图 3-35 "统计各专业男学生人数"结果

注意：Access 规定，"Where"总计项对应的字段不能出现在查询结果中。

3.3.3 建立带计算字段的查询

当用于统计的数据值来源于多个字段时，应在设计网格区的"字段"行添加一个新字段，并在"字段"行中输入计算表达式，其格式为"新字段名:表达式"。

【例 3.12】计算每个学生已修课程的学分，显示"学号""姓名""课程名""成绩""学分"字段，并将查询保存为"计算学生学分"（某门课程的成绩大于等于 60 分才能计算该门课程的学分）。

分析：根据题目要求，需要增加新字段"学分"，将其定义为计算字段，计算学分的表达式为"([成绩]-50)*0.1"。

操作步骤如下。

（1）打开查询的设计视图，添加"学生""选课""课程"三个表。

（2）将"学号""姓名""课程名""成绩"字段添加到设计网格区的"字段"行。

（3）在"字段"行第 5 列输入新字段"学分:([成绩]-50)*0.1"，"成绩"列的"条件"行输入">=60"。设计结果如图 3-36 所示。

（4）保存查询，将其命名为"计算学生学分"。切换到数据表视图，结果如图 3-37 所示。

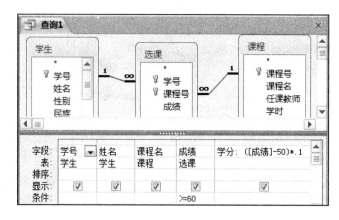

图 3-36 定义计算字段

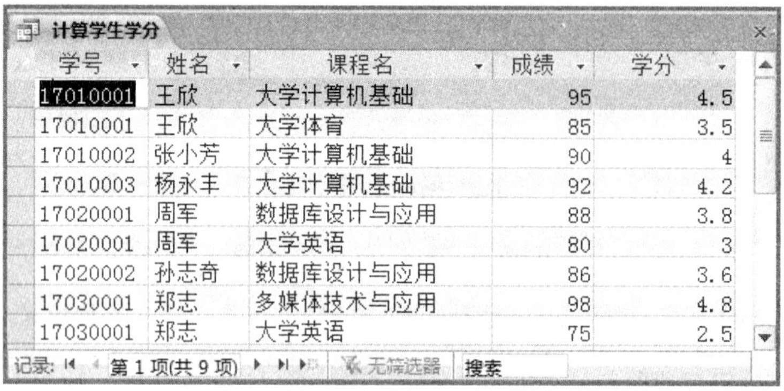

图 3-37 "计算学生学分"查询结果

【例 3.13】查找入学成绩低于所在专业平均入学成绩的学生，显示"姓名""专业""入学成绩"字段，并将其保存为"低于所在专业平均入学成绩的学生"。

分析： 要查找入学成绩低于所在专业平均入学成绩的学生，首先要知道各专业的平均入学成绩，然后将每个学生的入学成绩与所在专业的平均入学成绩进行比较，才能得到结果。所以，本例要创建两个查询，一个是各专业平均入学成绩，另一个是入学成绩低于所在专业平均入学成绩的学生。

操作步骤如下。

（1）打开查询的设计视图，添加"学生"表。

（2）将"专业"和"入学成绩"字段添加到设计网格区中的"字段"行。

（3）单击"设计"选项卡"显示/隐藏"组中的"汇总"按钮，在"入学成绩"的"总计"行处单击，在打开的下拉列表中选择"平均值"选项，并将"入学成绩"改为"专业平均入学成绩:入学成绩"。设计结果如图 3-38 所示。

（4）保存查询，将其命名为"各专业平均入学成绩"。切换到数据表视图，结果如图 3-39 所示。

　　图 3-38　"各专业平均入学成绩"设计视图　　　　图 3-39　"各专业平均入学成绩"查询结果

　　注意：若要将"专业平均入学成绩"列保留两位小数，可选中该列，单击"设计"选项卡"显示/隐藏"组中的"属性表"按钮，在打开的"属性表"窗格中设置"常规"选项卡中的格式属性值为"固定"，小数位数为"2"。

　　（5）再次新建查询，打开查询的设计视图，添加"学生"表和"各专业平均入学成绩"查询，并按公共字段"专业"建立关系。

　　（6）将"学生"表的"姓名""专业""入学成绩"字段添加到设计网格区的"字段"行。

　　（7）在"字段"行第 4 列输入新字段"入学成绩差:[入学成绩]-[专业平均入学成绩]"。

　　（8）在第 4 列的"条件"行输入条件"<0"，取消该列"显示"行的复选框的选中状态，设计结果如图 3-40 所示。

　　（9）保存查询，将其命名为"低于所在专业平均入学成绩的学生"。切换到数据表视图，结果如图 3-41 所示。

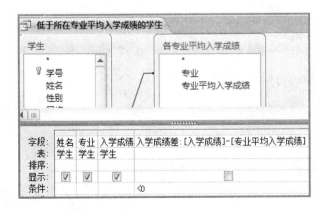

　　图 3-40　"低于所在专业平均入学成绩的学生"设计视图　　　　图 3-41　查询结果

3.4　参　数　查　询

参数查询是一种特殊的条件查询，与前面提到的各种查询的不同之处有两点：一是参数查询在设计视图中将条件表达式的某些常量改用参数；二是在运行参数查询时，弹出对话框提示用户输入参数，待用户输入参数值后，检索符合所输入参数的记录。参数查询更加灵活，能够满足用户动态的查询需要，在使用过程中，可以建立单参数的查询，也可以建立多参数的查询。

3.4.1　创建单参数查询

单参数查询在字段中只指定一个参数，在执行查询时，只需要输入一个参数值。

【例 3.14】修改例 3.5 所创建的"授课教师查询"，按教师姓名查找授课教师情况，显示教师的"教师名""职称""课程名""学时""学分"，并按"学分"降序排序，将查询保存为"授课教师参数查询"。

操作步骤如下。

（1）使用设计视图打开"授课教师查询"。

（2）在"教师名"字段列"条件"行输入"[请输入教师姓名]"，结果如图 3-42 所示。

说明："条件"行中的方括号"[]"必须为半角英文符号，方括号中的内容将作为提示信息出现在参数对话框中，且不能与字段名相同。

（3）选择"文件"→"对象另存为"命令，在弹出的"另存为"对话框中设置文件名为"授课教师参数查询"，单击"确定"按钮。

（4）切换到数据表视图或运行查询，弹出"输入参数值"对话框，输入要查找的教师名，如图 3-43 所示。单击"确定"按钮，若输入的条件有效，则显示查询结果，否则，不显示任何数据。

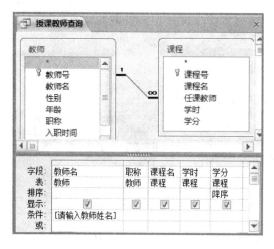

图 3-42　设置单参数查询

图 3-43　"输入参数值"对话框

3.4.2 创建多参数查询

多参数查询在字段中指定多个参数，在执行查询时，需要依次输入多个参数值。

【例 3.15】以例 3.12 所建的"计算学生学分"查询为数据源，查找并显示某门课程在某学分范围内的学生，显示"姓名""课程名""成绩""学分"字段，并将其保存为"学生学分多参数查询"。

操作步骤如下。

（1）新建查询，在查询的设计视图中添加"计算学生学分"查询。

（2）将"姓名""课程名""成绩""学分"字段添加到设计网格区的"字段"行。

（3）在"课程名"字段列的"条件"行输入"[请输入课程名称:]"，在"学分"字段列的"条件"行输入"Between [请输入学分最小值:] And [请输入学分最大值:]"，设计结果如图 3-44 所示。

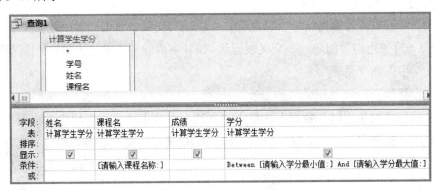

图 3-44 设置多参数查询

（4）保存查询，将其命名为"学生学分多参数查询"。

（5）运行查询，弹出三个"输入参数值"对话框，分别输入相应的内容，如图 3-45 所示，依次单击"确定"按钮，查询结果如图 3-46 所示。

 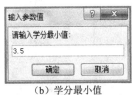 

（a）课程名称   （b）学分最小值   （c）学分最大值

图 3-45 输入参数值

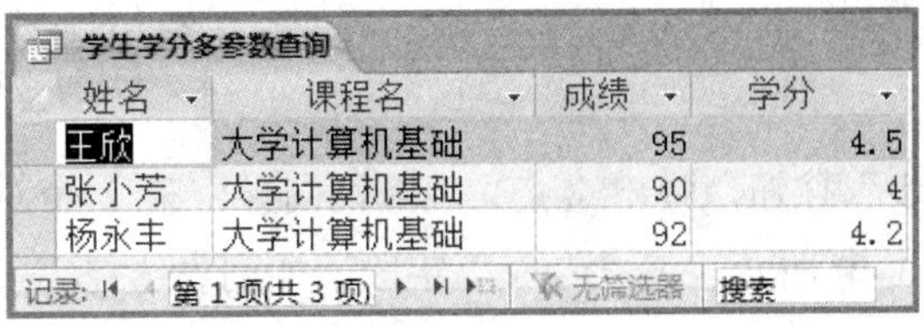

图 3-46 多参数查询结果

3.5　交叉表查询

交叉表查询就是将用于查询的字段分成两组,一组以行标题的方式显示在表格的左边,一组以列标题的方式显示在表格的顶端,并在数据表行和列的交叉处显示表中某个字段的合计、平均值、计数或其他类型的计算值。使用交叉表查询生成的数据,结构更紧凑合理,方便用户分析和使用数据。

创建交叉表查询需要指定三种字段:一是行标题分组字段(可以设置多个),二是列标题分组字段(只能设置一个),三是行与列交叉位置的计算字段(只能设置一个)。

创建交叉表查询常用两种方法:一是交叉表查询向导,二是查询设计视图。

3.5.1　使用向导创建交叉表查询

如果查询的数据源来自一个表或查询,可以使用交叉表查询向导创建交叉表查询。

【例 3.16】使用向导创建一个交叉表查询,统计各专业男女学生人数,将其保存为"各专业男女学生人数交叉表"。

操作步骤如下。

(1)打开"教学管理"数据库,单击"创建"选项卡"查询"组中的"查询向导"按钮,弹出"新建查询"对话框,如图 3-47 所示。选择"交叉表查询向导"选项,单击"确定"按钮,弹出"交叉表查询向导"第 1 个对话框,如图 3-48 所示。选择"表: 学生"作为数据源。

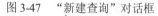
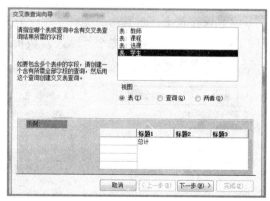

图 3-47　"新建查询"对话框　　　　　图 3-48　"交叉表查询向导"第 1 个对话框
　　　　　　　　　　　　　　　　　　　　　　　　　　　　　（选择数据源）

(2)单击"下一步"按钮,弹出"交叉表查询向导"第 2 个对话框,确定交叉表行标题分组字段,如图 3-49 所示,将"专业"字段添加到"选定字段"列表中。

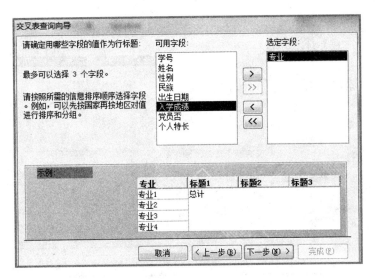

图 3-49　"交叉表查询向导"第 2 个对话框（确定行标题）

（3）单击"下一步"按钮，弹出"交叉表查询向导"第 3 个对话框，确定交叉表列标题分组字段，如图 3-50 所示，选择"性别"字段。

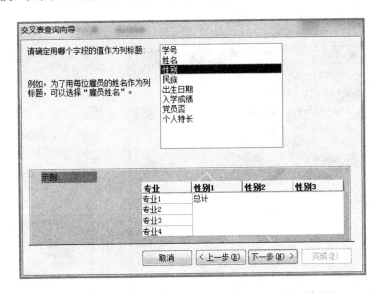

图 3-50　"交叉表查询向导"第 3 个对话框（确定列标题）

（4）单击"下一步"按钮，弹出"交叉表查询向导"第 4 个对话框，确定作为行和列交叉点的计算字段，如图 3-51 所示，在"字段"列表中选择"学号"选项，在"函数"列表中选择"Count"选项。本例不需要在交叉表的每行前面显示小计数，应取消"是，包括各行小计"复选框的选中状态。

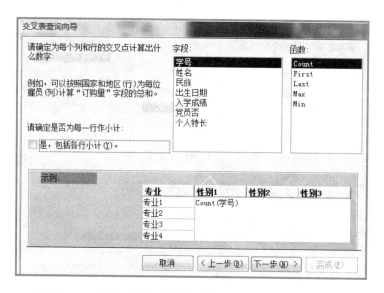

图 3-51 "交叉表查询向导"第 4 个对话框（确定计算数据）

（5）单击"下一步"按钮，弹出"交叉表查询向导"第 5 个对话框，如图 3-52 所示，在"请指定查询的名称"文本框中输入查询名称为"各专业男女学生人数交叉表"，单击"完成"按钮，查询结果如图 3-53 所示。

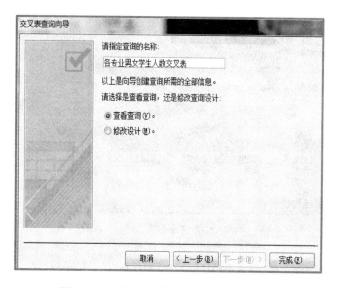

图 3-52 "交叉表查询向导"第 5 个对话框

图 3-53 交叉表查询结果

3.5.2 使用设计视图创建交叉表查询

如果查询的数据源来自多个表或查询，或者来自某个字段的部分值，需要使用设计视图创建交叉表查询。

【例 3.17】使用设计视图创建一个交叉表查询，根据"学生""选课""课程"三个表统计各班级（学号第 3、4 位为班级）每门课程的平均分，并将其保存为"各班级课程平均分交叉表"。

操作步骤如下。

（1）在查询的设计视图中添加"学生""选课""课程"三个表。

（2）在"字段"行的第一列输入"班级: Mid([学生].[学号],3,2)"，分别将"课程名"和"成绩"字段添加到"字段"行的第 2 列和第 3 列。

（3）单击"设计"选项卡"查询类型"组中的"交叉表"按钮，查询设计网格区中会增加"总计"行和"交叉表"行。

（4）在"班级"列的"交叉表"行选择"行标题"选项，"课程名"列的"交叉表"行选择"列标题"选项，"成绩"列的"总计"行选择"平均值"选项，"交叉表"行选择"值"选项，设计结果如图 3-54 所示。

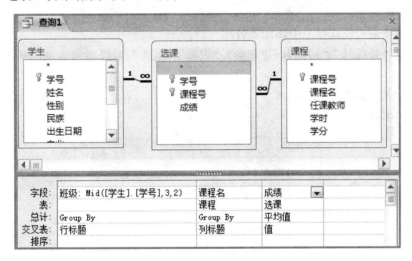

图 3-54　"各班级课程平均分交叉表"设计视图

（5）保存查询，将其命名为"各班级课程平均分交叉表"。切换到数据表视图，查询结果如图 3-55 所示。

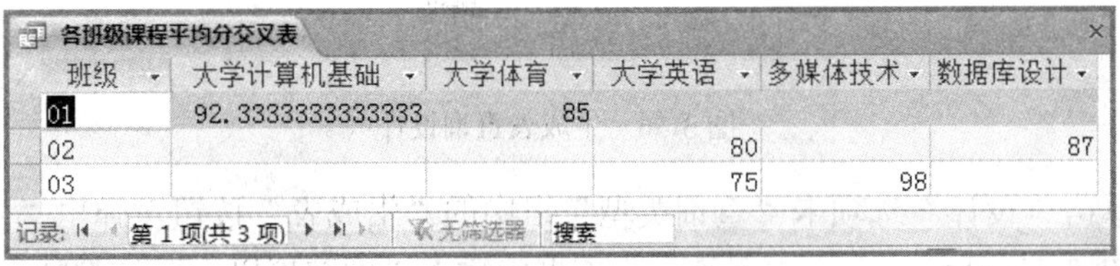

班级	大学计算机基础	大学体育	大学英语	多媒体技术	数据库设计
01	92.3333333333333	85			
02			80		87
03			75	98	

图 3-55　"各班级课程平均分交叉表"查询结果

3.6　操作查询

操作查询是 Access 2010 查询中的重要组成部分，利用它可以对数据库中的数据进行简单的检索、显示和统计，而且可以根据需要对数据库进行修改。

操作查询不仅能进行数据的筛选查询，而且能对表中的原始记录进行相应的修改，即一次操作可完成多条记录的修改。操作查询主要包括生成表查询、更新查询、追加查询和删除查询。

3.6.1 生成表查询

生成表查询可以利用一个或多个表中的全部或部分数据新建一个表。在 Access 2010 中，从表中访问数据的速度比从查询中访问数据的速度要快些，所以如果经常需要访问某些数据，应该使用生成表查询，将多个查询结果作为一个新表永久保存起来。

【例 3.18】将"教师"表中职称为"教授"或"副教授"的教师生成一个新表，包括"教师号""教师名""年龄""职称""工资"字段，并将该表命名为"副教授以上职称教师"。将查询保存为"生成副教授以上职称教师表查询"。

操作步骤如下。

（1）在查询的设计视图中添加"教师"表。

（2）将"教师号""教师名""年龄""职称""工资"字段添加到设计网格区的"字段"行。

（3）在"职称"字段列的"条件"行输入"教授"，在"或"行输入"副教授"，设计结果如图 3-56 所示。

图 3-56 生成表查询设计

（4）单击"设计"选项卡"查询类型"组中的"生成表"按钮，弹出"生成表"对话框，如图 3-57 所示，在"表名称"文本框中输入"副教授以上职称教师"。可以选择将表添加到当前数据库或已经存在的另一数据库，本例选中"当前数据库"单选按钮，单击"确定"按钮。

（5）单击"设计"选项卡"结果"组中的"视图"按钮，切换到数据表视图，预览新生成的表。若未达到要求，可以再次单击"视图"按钮，返回设计视图，对查询进行修改。

（6）在设计视图中，单击"设计"选项卡"结果"组中的"运行"按钮，弹出生成表提示框，如图 3-58 所示。单击"是"按钮，生成"副教授以上职称教师"表。此时在导航窗格中可以看到该表。

图 3-57 "生成表"对话框   图 3-58 生成表提示框

（7）保存查询，将其命名为"生成副教授以上职称教师表查询"。

3.6.2 更新查询

在对数据库进行数据维护时，经常需要批量更新数据。

【例 3.19】建立更新查询，将例 3.18 生成的"副教授以上职称教师"表中职称为"教授"的教师工资提高 10%，并将查询保存为"更新教授工资查询"。

操作步骤如下。

（1）在查询的设计视图中添加"副教授以上职称教师"表。

（2）将"职称"和"工资"字段添加到设计网格区的"字段"行。

（3）单击"设计"选项卡"查询类型"组中的"更新"按钮，在查询设计网格区中自动添加"更新到"行。

（4）在"职称"字段列的"条件"行输入"教授"，在"工资"列的"更新到"行输入要更新的内容"[工资]*1.1"，设计结果如图 3-59 所示。

（5）单击"设计"选项卡"结果"组中的"视图"按钮，切换到数据表视图，可以预览要更新的一组记录。若未达到要求，可以再次单击"视图"按钮，返回设计视图，对查询进行修改。

（6）在设计视图中，单击"设计"选项卡"结果"组中的"运行"按钮，弹出更新提示框，如图 3-60 所示。单击"是"按钮，则更新满足条件的所有记录。

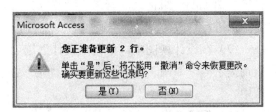

图 3-59 更新查询设计   图 3-60 更新提示框

（7）保存查询，将其命名为"更新教授工资查询"。

说明：更新查询每执行一次，就会对数据源表更新一次，所以更新查询只需执行一次。

3.6.3　追加查询

追加查询用于将其他表中的数据添加到某一个指定的表中，这个指定的表可以是同一数据库中的表，也可以是其他数据库中的表。

【例 3.20】建立追加查询，将"教师"表中职称为"讲师"的教师追加到已经建立的"副教授以上职称教师"表中，并将查询保存为"追加讲师查询"。

操作步骤如下。

（1）在查询的设计视图中添加"教师"表。

（2）将"教师号""教师名""年龄""职称""工资"字段添加到设计网格区中的"字段"行。

（3）单击"查询类型"组中的"追加"按钮，弹出"追加"对话框，如图 3-61 所示，在"表名称"下拉列表中选择"副教授以上职称教师"选项，选中"当前数据库"单选按钮。

图 3-61　"追加"对话框

（4）单击"确定"按钮，在查询设计网格区中自动添加"追加到"行，并显示"教师号""教师名""年龄""职称""工资"字段。

（5）在"职称"字段列的"条件"行输入"讲师"，设计结果如图 3-62 所示。

（6）单击"设计"选项卡"结果"组中的"视图"按钮，切换到数据表视图，可以预览要追加的一组记录。若未达到要求，可以再次单击"视图"按钮，返回设计视图，对查询进行修改。

（7）在设计视图中，单击"设计"选项卡"结果"组中的"运行"按钮，弹出追加查询提示框，如图 3-63 所示。单击"是"按钮，则将满足条件的一组记录追加到指定的表中。

（8）保存查询，将其命名为"追加讲师查询"。

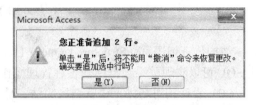

图 3-62 追加查询设计   图 3-63 追加查询提示框

3.6.4 删除查询

删除查询用于删除表中符合删除条件的一条或多条记录。删除查询不仅可以在一个表内删除相关记录，还可以在其他表中利用关系删除相互关联的记录。

【例 3.21】建立删除查询，将"副教授以上职称教师"表中年龄在 55 岁以上（含 55）的记录删除。将查询保存为"删除 55 岁以上教师查询"。

操作步骤如下。

（1）在查询的设计视图中添加"副教授以上职称教师"表。

（2）双击字段列表中的"*"，将所有字段添加到设计网格区中的"字段"行，显示为"副教授以上职称教师.*"。然后，再次添加"年龄"字段，用于设置条件。

（3）单击"设计"选项卡"查询类型"组中的"删除"按钮，在查询设计网格区中自动添加"删除"行，在删除行显示的"From"，表示从何处删除记录；显示的"Where"表示要删除哪些记录。

（4）在"年龄"列的"条件"行输入">=55"，设置结果如图 3-64 所示。

（5）单击"设计"选项卡"结果"组中的"视图"按钮，切换到数据表视图，可以预览要删除的一组记录。若未达到要求，可以再次单击"视图"按钮，返回到设计视图，对查询进行修改。

（6）在设计视图中，单击"设计"选项卡"结果"组中的"运行"按钮，弹出删除提示框，如图 3-65 所示。单击"是"按钮，则开始删除满足条件的所有记录。

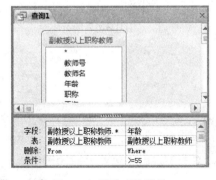

图 3-64 删除查询设计   图 3-65 删除提示框

（7）保存查询，将其命名为"删除 55 岁以上教师查询"。

说明：操作查询执行后，不能用"撤销"命令恢复所做的更改。另外，更新查询和删除查询会修改数据源表，所以，对于重要的数据表，在执行操作查询前要做好数据的备份。

3.7 SQL 查询

结构化查询语言（Structured Query Language，SQL）是关系数据库的标准语言。使用 SQL 可以实现关系数据库的各种管理操作。

SQL 设计构思巧妙、语言结构简洁、易学易用，仅使用如下九个动词即可实现数据查询、数据定义、数据操纵和数据控制功能。

（1）数据查询：SELECT。

（2）数据定义：CREATE、DROP、ALTER。

（3）数据操纵：INSERT、UPDATE、DELETE。

（4）数据控制：GRANT、REVOKE。

SQL 查询是用户使用 SQL 语句创建的查询。前面介绍的所有查询都可以使用 SQL 语句创建，有一些使用查询向导和查询设计视图无法实现的复杂查询，也可以使用 SQL 语句创建。

3.7.1 查询与 SQL 视图

查询有多个视图，设计视图常用于创建和修改查询，数据表视图常用于以表格形式显示查询的数据，SQL 视图常用于编辑和显示 SQL 语句。

Access 中建立的所有查询都对应一个 SQL 语句。当用查询向导或设计视图建立查询时，系统会自动生成与查询对应的 SQL 语句，切换到查询的 SQL 视图就可以查看该查询包含的 SQL 语句。

【例 3.22】显示例 3.6 所创建的"男学生信息"查询（查询入学成绩大于 475 分的男学生）中的 SQL 语句。

操作步骤如下。

（1）使用设计视图打开"男学生信息"查询，如图 3-66 所示。

（2）单击"设计"选项卡"结果"组中的"视图"下拉按钮，在打开的下拉列表中选择"SQL 视图"选项，即可打开该查询的 SQL 视图窗口，如图 3-67 所示。

图 3-66　"男学生信息"设计视图

图 3-67　"男学生信息"SQL 视图

在 SQL 视图中可以查看、编辑 SQL 语句，也可以直接输入 SQL 语句创建查询。

（3）单击"运行"按钮，可以运行查询语句，查看 SQL 语句的运行结果。

说明：在 SQL 语句中，除了参数查询外，表名和字段名可以不加方括号。

3.7.2　SQL 数据查询

SQL 数据查询是对数据库中的数据按指定条件和顺序进行检索输出，是数据库的核心操作。虽然 SQL 语言的数据查询只有一条 SELECT 语句，但该语句具有灵活的使用方式和丰富的功能。

1．SELECT 语句格式

SELECT 语句的格式如下。

```
SELECT  [ALL|DISTINCT|TOP n] * | <字段列表> [,<表达式> AS <标识符>]
        FROM <表名或查询名 1>[,<表名或查询名 2>]…
        [WHERE [<连接条件>][AND] [<筛选条件>]]
        [GROUP BY <字段名>[HAVING <条件表达式>]]
        [ORDER BY <字段名>[ASC|DESC]];
```

命令说明：

（1）SELECT 子句用于指定查询结果包含的字段（列）。

（2）FROM 子句用于指定查询的数据源，多个数据源用英文逗号分隔。

（3）WHERE <连接条件>用于指定多表查询时数据表之间的连接条件；WHERE <筛选条件>用于指定查询结果中的记录必须满足的条件，即对记录进行筛选。

（4）GROUP BY 子句用于对记录进行分组，分组后通常对每组记录进行统计运算。HAVING 子句只能在 GROUP BY 子句之后使用，用于对分组运算后的记录进行筛选。

（5）ORDER BY 子句用于对记录进行排序，ASC 表示升序，DESC 表示降序。

（6）ALL、DISTINCT 和 TOP n 用于指定检索记录的范围。ALL 表示所有记录，DISTINCT 表示去掉重复的记录，TOP n 表示前 n 条记录。

（7）*、<字段列表>用于指定检索结果包括的字段。*表示全部字段，<字段列表>表示检索结果只包括列表中指定的字段。

（8）<表达式> AS <标识符>表示为表达式指定新的字段名。

（9）< >、[]和 | 为语法符号。< >为必选项；[]为可选项，可以不选；| 为任选项，任选其中一个。

（10）句尾的英文分号为 SQL 语句的结尾符，可以省略。

2．简单查询

1）查询部分或全部字段信息

【例 3.23】创建 SQL 查询，显示"教师"表中所有教师的"教师名"和"职称"信息。

操作步骤如下。

（1）在"教学管理"数据库中，单击"创建"选项卡"查询"组中的"查询设计"按钮。在弹出的"显示表"对话框中，单击"关闭"按钮，进入查询的设计视图。

（2）单击"设计"选项卡"结果"组中的"视图"下拉按钮，在打开的下拉列表中选择"SQL 视图"选项，切换到查询的 SQL 视图。

（3）在查询的 SQL 视图中，有条默认的"SELECT;"语句，可以在该位置输入查询所使用的 SQL 语句，如图 3-68 所示。

图 3-68　SQL 视图

（4）单击"设计"选项卡"结果"组中的"视图"或"运行"按钮，显示查询结果。

（5）保存查询，将其命名为"SQL 查询教师"。

说明：查询的 SQL 语句都需要在 SQL 视图中输入。由于篇幅有限，后面的例题只给出对应的 SQL 语句。

【例 3.24】查询"教师"表的所有信息。

```
SELECT * FROM 教师;
```

2）去掉查询结果中的重复记录

【例 3.25】查询"学生"表中的专业（重复的专业只显示一个）。

```
SELECT DISTINCT 专业 FROM 学生;
```

3）定义新字段

【例 3.26】查询"学生"表中学生的"学号""姓名""年龄"信息。

```
SELECT 学号,姓名,YEAR(DATE())-YEAR(出生日期) AS 年龄 FROM 学生;
```

4）查询满足条件的记录

【例 3.27】在"学生"表中查询外语专业中入学成绩小于 520 分的学生的"学号""姓名""入学成绩"信息。

```
SELECT 学号,姓名,入学成绩 FROM 学生
WHERE 专业="外语" AND 入学成绩<520;
```

【例 3.28】查询"课程"表中所有含有"大学"两个字的课程名。

```
SELECT 课程名 FROM 课程
WHERE 课程名 LIKE "*大学*";
```

5）排序查询

【例 3.29】查询入学成绩前三名的学生的"学号""姓名""入学成绩"信息。

```
SELECT TOP 3 学号,姓名,入学成绩 FROM 学生
ORDER BY 入学成绩 DESC;
```

【例 3.30】查询物理专业的学生信息，查询结果按"入学成绩"字段升序排列，入学成绩相同的记录再按"出生日期"字段降序排列。

```
SELECT * FROM 学生
WHERE 专业="物理"
ORDER BY 入学成绩,出生日期 DESC;
```

6）分组查询

【例 3.31】查询"学生"表中少数民族各民族的人数，结果包含"民族"和"人数"两个字段。

```
SELECT 民族,COUNT(*) AS 人数 FROM 学生
WHERE 民族<>"汉族"
GROUP BY 民族;
```

说明：此查询先把所有民族不是汉族的记录筛选出来，然后对这些筛选出来的记录再分组统计个数。

【例 3.32】查询"学生"表中的少数民族中人数大于 2 的各民族人数，结果包含"民族"和"人数"两个字段。

```
SELECT 民族,COUNT(*) AS 人数 FROM 学生
WHERE 民族<>"汉族"
GROUP BY 民族 HAVING COUNT(*)>2;
```

说明：HAVING 子句用来指定每组记录应满足的条件，只有满足 HAVING 条件的记录才能在结果中显示出来。

7）参数查询

【例 3.33】查询"教师"表中某个时间范围内参加工作的教师，结果包含"教师名""职称""入职时间"字段。

```
SELECT 教师名,职称,入职时间 FROM 教师
WHERE 入职时间 Between [起始日期] And [终止日期];
```

3. SQL 连接查询

前面介绍的查询都是针对一个表进行的，当一个查询同时涉及两个或两个以上的表时，称为连接查询（也称为多表查询）。在多表之间进行查询时，必须先建立表与表之间的连接关系。

1）普通连接查询

普通连接查询一般格式如下。

```
SELECT…
FROM    <表名 1>，<表名 2> …
WHERE   <连接条件>… AND <筛选条件>…；
```

【例 3.34】查询学生的"学号""姓名""课程号""成绩"信息。

```
SELECT 学生.学号,姓名,课程号,成绩 FROM 学生,选课
WHERE 学生.学号=选课.学号；
```

在该查询中，要查询的字段来自两个表，所以在 FROM 子名后列出两个表的表名，用","分隔，同时使用 WHERE 子句指定连接表的条件。

说明：当不同表中含有相同的字段名（如"学号"字段）时，必须指明是哪个表的字段，指定方法是在字段名前加"表名."或"表名!"如，"学生.学号"或"学生!学号"。

【例 3.35】查询王欣的"学号""姓名""课程号""成绩"信息。

```
SELECT 学生.学号,姓名,课程号,成绩 FROM 学生,选课
WHERE 学生.学号=选课.学号 AND 姓名="王欣"；
```

说明："学生.学号=选课.学号"为连接条件，"姓名="王欣""为筛选条件。

【例 3.36】查询学生的"学号""姓名""课程名""成绩"信息。

```
SELECT 学生.学号,姓名,课程名,成绩 FROM 学生,选课,课程
WHERE 学生.学号=选课.学号 AND 选课.课程号=课程.课程号；
```

当查询涉及三个或三个以上的表时，要根据表之间对应的字段来书写连接表的条件。

2）内连接查询

前面介绍的普通连接查询也可以用内连接查询实现，其一般格式如下。

```
SELECT…
FROM <表名 1>INNER JOIN <表名 2>
ON <连接条件>…WHERE<筛选条件>…；
```

【例 3.37】利用内连接查询学生的"学号""姓名""课程号""成绩"信息。

```
SELECT 学生.学号,姓名,课程号,成绩 FROM 学生 INNER JOIN 选课
ON 学生.学号=选课.学号；
```

【例 3.38】利用内连接查询学生的"学号""姓名""课程名""成绩"信息。

```
SELECT 学生.学号,学生.姓名,课程.课程名,选课.成绩
FROM(学生 INNER JOIN 选课 ON 学生.学号=选课.学号)
INNER JOIN 课程 ON 选课.课程号=课程.课程号；
```

4. 联合查询

SELECT 语句的查询结果是记录的集合，可以利用并运算把两个查询结果合并在一起，为了完成合并运算，两个查询的结果要求具有相同的字段数，并且对应字段的数据类型和取值范围应该一致，其一般格式如下。

```
<SELECT 语句1> UNION [ALL] <SELECT 语句2>
```

说明：可以使用多个 UNION 语句，UNION 语句默认组合结果中已排除重复记录，使用 ALL，则允许包含重复记录。

【例 3.39】查询选修了"002"或"005"课程的学生的"学号""课程号"。

```
SELECT 学号,课程号 FROM 选课 WHERE 课程号="002"
UNION
SELECT 学号,课程号 FROM 选课 WHERE 课程号="005";
```

5. 子查询

当查询的条件依赖于另一个查询的结果时，要在查询条件 WHERE 子句中嵌套一个子查询，子查询需要用括号括起来。

【例 3.40】查询"教师"表中低于平均工资的教师。

方法一：在 SQL 语句中使用子查询。

```
SELECT * FROM 教师
WHERE 工资<(SELECT Avg(工资) FROM 教师);
```

方法二：在查询设计视图的"条件"行使用子查询。

操作步骤如下。

（1）打开查询的设计视图，添加"教师"表。

（2）双击数据来源区"教师"字段列表中的"*"，将其添加到"字段"行的第 1 列；将"工资"添加到"字段"行的第 2 列，取消"工资"字段的显示。

（3）在"工资"列的"条件"行输入"<(SELECT Avg(工资) FROM 教师)"，设计结果如图 3-69 所示。

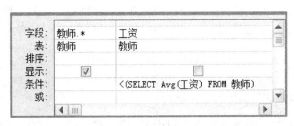

图 3-69　设置子查询

3.7.3　SQL 的数据定义

数据定义是对表结构的操作，主要包括创建表结构、编辑表结构和删除表等。

1. 使用 CREATE TABLE 语句创建表

使用 CREATE TABLE 语句创建表的一般格式如下。

```
CREATE TABLE <表名> (<字段名1> <数据类型> [字段级完整性约束]
                    [,<字段名2> <数据类型> [字段级完整性约束]]
                    ...
                    [表级完整性约束])
```

说明：

（1）数据类型指对应字段的数据类型，常用的数据类型如表 3-11 所示。

（2）字段级完整性约束指定义相关字段的约束条件，包括主键约束（Primary Key）、数据唯一约束（Unique）、空值约束（Not Null 或 Null）和完整性约束（Check）等。

（3）表级完整性约束指建立两表之间的关系，实施参照完整性约束。

表 3-11　常用的数据类型说明

数据类型	说明
SMALLINT	整型
INT/INTEGER	长整型
REAL	单精度型
MONEY/CURRENCY	货币型
DATETIME/DATE/TIME	日期/时间型
TEXT/ CHAR/VARCHAR	文本型
MEMO	备注型

【例 3.41】在"教学管理"数据库中，使用 CREATE TABLE 语句建立与"教师"表结构相同的"Teacher"表，"教师"表的表结构如表 2-1 所示。

操作步骤如下。

（1）打开查询设计视图，关闭"显示表"窗口。

（2）单击"设计"选项卡"查询类型"组中的"数据定义"按钮，或者单击"结果"组中的"视图"下拉按钮，在打开的下拉列表中选择"SQL 视图"选项，打开 SQL 视图窗口，在空白区域输入下面的 SQL 语句，如图 3-70 所示。

```
CREATE TABLE Teacher(教师号 CHAR(6) Primary Key,教师名 CHAR(4),
性别 CHAR(1),年龄 SMALLINT,职称 CHAR(3),入职时间 DATE,
联系电话 CHAR(15),工资 MONEY);
```

（3）单击"设计"选项卡"结果"组中的"运行"按钮，完成"Teacher"表的创建。在导航窗格的"表"组中可以看到新建的"Teacher"表，在设计视图中打开该表，其表结构如图 3-71 所示。

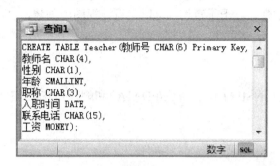
图 3-70　创建"Teacher"表 SQL 视图

图 3-71　"Teacher"表的设计视图

2. 使用 ALTER TABLE 语句修改表结构

使用 ALTER TABLE 语句修改表结构的一般格式如下。

```
ALTER TABLE <表名>
[ADD <新字段名> <数据类型> [字段级完整性约束]]
[ DROP <字段名列表>]
[ALTER <字段名> <数据类型>];
```

说明:

(1) ADD 子句用于添加新字段。

(2) DROP 子句用于删除指定的字段。

(3) ALTER 子句用于修改字段名、数据类型等。

【例 3.42】向"Teacher"表增加"院系"字段,数据类型为"文本",字段大小为 8。

```
ALTER TABLE Teacher ADD 院系 CHAR(8);
```

【例 3.43】删除"Teacher"表中的"联系电话"字段。

```
ALTER TABLE Teacher DROP 联系电话;
```

【例 3.44】将"Teacher"表中的"教师号"字段大小改为 5。

```
ALTER TABLE Teacher ALTER 教师号 CHAR(5);
```

3. 使用 DROP TABLE 语句删除表

使用 DROP TABLE 语句删除表的一般格式如下。

```
DROP TABLE <表名>
```

该语句的功能是删除表结构及表中记录。

【例 3.45】删除已建立的"Teacher"表。

```
DROP TABLE Teacher
```

前面介绍的联合查询、子查询和数据定义查询，以及本书未介绍的传递查询统称为 SQL 的特定查询，其中联合查询、数据定义查询、传递查询不能在查询的设计视图中创建，必须使用 SQL 语句在 SQL 视图中创建。对于子查询，可以在设计视图中创建，也可以在 SQL 视图中创建。

3.7.4　SQL 数据操纵

SQL 数据操纵主要包括数据的插入（INSERT）、更新（UPDATA）和删除（DELETE）。

1.　INSERT 语句

INSERT 语句的一般格式如下。

```
INSERT INTO <表名>[(<字段名列表>)] VALUES (<值列表>);
```

该语句的功能是在指定表的末尾追加一条新记录。

说明：

（1）如果给表中的每个字段都插入一个值，且插入的数据顺序与表中字段的顺序一致，则字段名列表可省略。

（2）值列表与对应的字段名列表的数据类型必须一致。

【例 3.46】向"教师"表中插入一条记录（"800001","王芳","女",27,"助教",#2017-7-1#,"02486593391",3200）。

```
INSERT INTO 教师 VALUES("800001","王芳","女",27,"助教",#2017-7-1#,
"02486593391",3200);
```

【例 3.47】向"教师"表中插入一条记录（"800002","沈阳","男",30）。

```
INSERT INTO 教师(教师号,教师名,性别,年龄) VALUES("800002","沈阳","男",30);
```

2.　UPDATE 语句

UPDATE 语句的一般格式如下。

```
UPDATE <表名>
SET <字段名 1>=<表达式 1> [,<字段名 2>=<表达式 2>,…]
[WHERE <条件>];
```

该语句的功能是更新表中满足条件的记录，用 SET 子句中表达式的值取代相应字段的值。如果省略 WHERE 子句，将更新表中的所有记录。

【例 3.48】将"教师"表中所有教师的年龄增加 1 岁。

```
UPDATE 教师 SET 年龄=年龄+1;
```

3.　DELETE 语句

DELETE 语句的一般格式如下。

```
DELETE FROM <表名> [WHERE <条件>]
```

该语句的功能是删除表中满足条件的记录,如果省略 WHERE 子句,则删除表中的全部记录。

【例 3.49】删除"教师"表中教师号前两位是"80"的记录。

```
DELETE FROM 教师 WHERE left(教师号,2)="80"
```

习　题

1. 下列属于操作查询的是 (　　　)。
   A. 参数查询　　　　B. 条件查询　　　　C. 生成表查询　　　　D. 交叉表查询
2. 下列关于 Access 查询的叙述中,错误的是 (　　　)。
   A. 查询的数据源来自表或查询
   B. 查询的结果可以作为其他数据库对象的数据源
   C. Access 的查询可以分析、追加、更新和删除数据
   D. 查询不能生成新的数据表
3. 下列关于 Access 查询条件的叙述中,错误的是 (　　　)。
   A. 同行之间为逻辑"与"关系,不同行之间为逻辑"或"关系
   B. 日期/时间类型数据需要在两端加上#
   C. 数字类型数据需要在两端加上双引号
   D. 文本类型数据需要在两端加上双引号
4. 条件"Between 10 And 80"的含义是 (　　　)。
   A. 数值 10～80 的数字,且包含 10 和 80
   B. 数值 10～80 的数字,不包含 10 和 80
   C. 数值 10 和 80 这两个数字之外的数字
   D. 数值 10 和 80 这两个数字
5. 在创建交叉表查询时,行标题字段的值显示在交叉表上的位置是 (　　　)。
   A. 第 1 行　　　　B. 第 1 列　　　　C. 上面若干行　　　　D. 左侧若干列
6. 在创建参数查询时,在查询设计视图"条件"行中应将参数提示文本放在 (　　　) 中。
   A. {}　　　　B. ()　　　　C. <>　　　　D. []
7. 将两个或多个查询结合到一起,使用 UNION 子句实现的是 (　　　)。
   A. 联合查询　　　　B. 传递查询　　　　C. 选择查询　　　　D. 子查询

第4章 窗　　体

窗体又称为表单，是 Access 数据库的重要对象之一，它提供给用户一个友好的操作界面，用户通过窗体可以输入数据，编辑数据，查询、排序、筛选和显示数据。因此，窗体是人机交互时最常用的窗口，利用窗体可以将整个应用程序组织起来，并控制系统流程，形成一个完整的数据库应用系统。本章将详细介绍窗体的概念和使用、窗体的组成和结构、窗体的创建和设计等。

4.1　窗　体　概　述

窗体只提供了一种用户界面，它本身并不存储数据，但应用窗体可以直观、方便地对数据库中的数据进行输入、修改和查看。窗体中包含多种控件，通过这些控件可以打开报表或其他窗体，执行宏或 VBA 编写的程序代码。在一个数据库应用程序开发完成后，对数据库的所有操作都可以通过窗体界面来实现。因此，窗体也是一个应用系统的组织者。

4.1.1　窗体的类型

Access 窗体有多种分类方法，主要是按功能和显示方式分类。根据功能的不同，可以将窗体分为数据操作窗体、控制窗体、信息显示窗体和信息交互窗体；根据数据显示方式的不同，可以将窗体分为纵栏式窗体、表格式窗体、数据表窗体、分割式窗体、主/子窗体、数据透视表窗体和数据透视图窗体。

1. 按功能分类

1）数据操作窗体

数据操作窗体是用来对表或查询进行显示、浏览及修改等操作的窗体，如图 4-1所示。

2）控制窗体

控制窗体是指用来控制程序运行的窗体，一般通过选项卡、按钮、选项按钮等控件对象来响应用户请求，如图 4-2 所示。

3）信息显示窗体

信息显示窗体主要用来以数值或图表的形式显示信息，如图 4-3 所示。

图 4-1 数据操作窗体

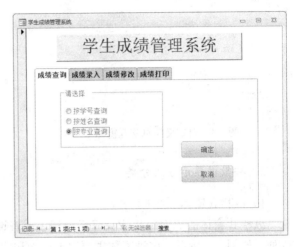

图 4-2 控制窗体

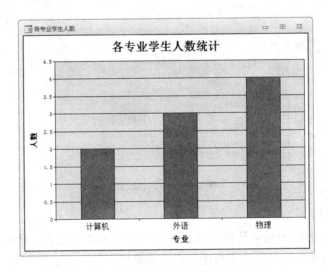

图 4-3 信息显示窗体

4）信息交互窗体

信息交互窗体是给用户提供提示信息或警告信息的窗体，可以由用户自定义，也可以由系统自动产生。由用户自定义的信息交互窗体可以接收用户的输入、显示系统的运行结果等，如图 4-4 所示；由系统自动产生的信息交互窗体通常显示各种提示信息，或者显示当输入数据违反有效性规则时系统弹出的警告信息。这类窗体可以在宏或模块设计中预先编写，也可以在系统设计过程中预先编写，如图 4-5 所示。

图 4-4　自定义信息交互窗体

图 4-5　系统自动产生的信息交互窗体

2. 按数据显示方式分类

1）纵栏式窗体

纵栏式窗体的界面中每次只显示数据表或查询中的一条记录，记录中各个字段纵向排列，如图 4-6 所示，这种窗体主要用于添加和输入数据。

图 4-6　纵栏式窗体

2）表格式窗体

表格式窗体的界面中显示数据表或查询中的全部或多条记录，记录中各个字段横向排列，如图 4-7 所示，这种窗体主要用于查看和维护记录。

教师号	教师名	性别	年龄	职称	入职时间	联系电话	工资
230001	王平	女	32	讲师	2010/06/25	024-86593324	¥4,500.00
230002	赵子华	男	35	副教授	2007/07/11	024-86593325	¥5,600.00
230003	陈小丹	女	40	教授	2004/07/21	024-86593326	¥8,900.00
230004	宋宇	男	27	助教	2015/12/29	024-86593321	¥3,200.00
250001	高玉	女	32	讲师	2011/07/30	024-86593323	¥4,500.00
260002	刘海宇	男	29	助教	2013/07/15	024-86593322	¥3,400.00
280001	徐建军	男	55	教授	1985/05/22	024-86593328	¥9,400.00
280002	宋宇	男	49	副教授	1991/07/05	024-86593327	¥6,100.00

图 4-7　表格式窗体

3）数据表窗体

数据表窗体的外观与数据表或查询结果显示形式相同，如图 4-8 所示。这种窗体经常用作一个窗体的子窗体，如图 4-9 和图 4-10 所示。

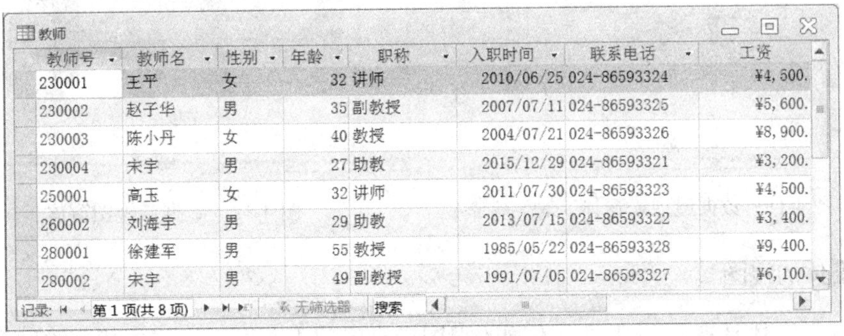

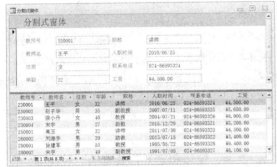

图 4-8 数据表窗体

图 4-9 分割式窗体 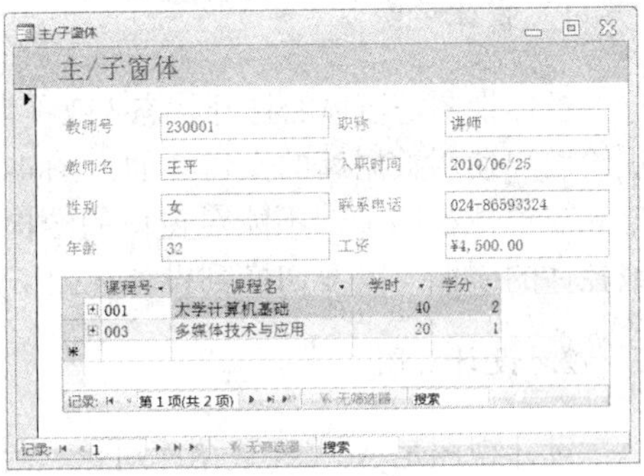　　　　　　　　　图 4-10 主/子窗体

4）分割式窗体

将整个窗体分割成上下两个区域，下方区域以数据表形式显示全部记录，上方区域以纵栏式显示下方区域中当前选中的记录的详细信息，如图 4-9 所示。

5）主/子窗体

一个窗体中包含另一个窗体，这种窗体称为主/子窗体，窗体中的窗体称为子窗体，包含子窗体的窗体称为主窗体。这种窗体形式通常用于显示具有一对多关系的多个数据表或查询中的数据，如图 4-10 所示。

6）数据透视表窗体

数据透视表窗体显示数据表或查询的汇总和分析统计信息，用户可以选择不同的显示和计算汇总方式，如图 4-11 所示。

7）数据透视图窗体

数据透视图窗体以图表的形式显示数据透视表的统计信息，如图 4-12 所示。

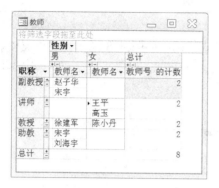

图 4-11　数据透视表窗体

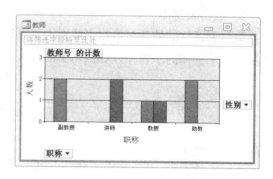

图 4-12　数据透视图窗体

4.1.2　窗体的视图

Access 窗体具有六种视图，不同的视图，显示效果不同，工作方式也不同，常用的是窗体视图、布局视图和设计视图。窗体在不同的视图中完成不同的任务。

1. 窗体视图

窗体视图是窗体的打开状态（或称为运行状态），用来呈现窗体的实际设计效果，是提供给用户使用数据库的操作界面。图 4-1～图 4-4 所示为窗体在窗体视图下的显示效果。

在窗体视图下，不能对窗体的结构（即布局）做任何修改，如果要修改窗体的结构或控件的属性，需要切换到设计视图下进行操作。

2. 设计视图

设计视图是 Access 数据库对象（包括表、查询、窗体和宏）都具有的一种视图。在设计视图中不仅可以创建窗体，更重要的是可以编辑、修改窗体，如图 4-13 所示。

窗体的设计视图由五部分组成，统称为节，分别是窗体页眉、页面页眉、主体、页面页脚和窗体页脚，只有在设计视图中可以看到窗体中的各个节，如图 4-14 所示。

图 4-13　设计视图

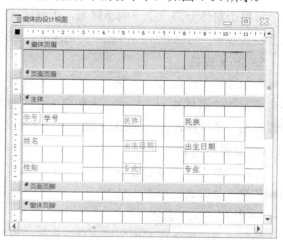

图 4-14　设计视图的组成

3. 布局视图

在布局视图中可以调整和修改窗体设计，可以根据实际数据调整列宽，还可以在窗体上放置新的字段，并设置窗体及其控件的属性，调整控件的位置和宽度。切换到布局视图后，可以看到窗体的控件四周被虚线围住，表示这些控件可以调整位置和大小，如图 4-15 所示。

窗体的布局视图界面与窗体视图界面类似，区别在于，在布局视图中可以添加部分控件，且各控件的位置可以移动，可对现有的控件进行重新布局。

4. 数据表视图

数据表视图是显示数据的视图，同样也是完成窗体设计后的结果，如图 4-16 所示。

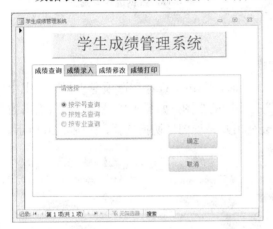

图 4-15　布局视图　　　　　　　　　　　　图 4-16　数据表视图

窗体的数据表视图与表和查询的数据表视图外观相似，在这种视图中，可以一次浏览多条记录。在窗体的数据表视图中，使用滚动条或利用导航按钮浏览记录，其方法与在表和查询的数据表视图中浏览记录的方法相同。

5. 数据透视表视图

数据透视表视图以表格形式动态地显示数据统计结果。通过排列筛选行、列和明细等区域中的字段，可以查看明细数据或汇总数据。数据透视表视图用于浏览和设计数据透视表类型的窗体。换而言之，数据透视表类型的窗体只能在数据透视表视图中被打开，如图 4-17 所示。

6. 数据透视图视图

在窗体的数据透视图视图中，可以动态地更改窗体的版面布置，重构数据的组织方式，从而方便地以各种不同的方法分析数据。这种视图是一种交互式的表，可以重新排列行标题、列标题和筛选字段，直到形成所需的版面布置。每次改变版面布置时，窗体会立即按照新的布置重新计算数据，实现数据的汇总、小计和总计，如图 4-18 所示。

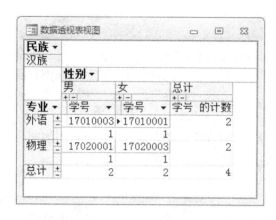 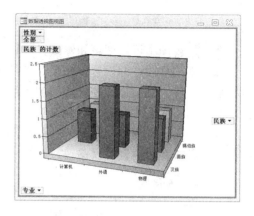

　　　　　图 4-17　数据透视表视图　　　　　　　　　　图 4-18　数据透视图视图

7. 视图间切换

窗体的不同视图之间可以方便地进行切换。

当窗体处于打开状态或处于任意一种视图中时,单击"设计"选项卡"视图"组中的"视图"按钮,在弹出的下拉列表中可以选择不同的视图,如图 4-19 所示。或者右击窗体的标题栏,根据当前窗体的具体情况,也会列出几种视图供切换选择,如图 4-20 所示。

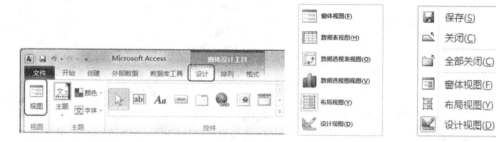

　　　　图 4-19　"视图"按钮及其下拉列表　　　　　　　　图 4-20　右键快捷菜单

4.2　创 建 窗 体

　　Access 提供了强大而简便的创建窗体的方法。使用"创建"选项卡"窗体"组中的各个命令按钮,可以完成各种窗体的创建,如图 4-21 所示。"窗体"组中各个命令按钮的功能如下。

图 4-21　"创建"选项卡"窗体"组中的按钮

1. "窗体" 按钮

"窗体" 按钮的功能是为打开的当前数据表或查询自动创建一个窗体。使用这个按钮创建窗体，来自数据源的所有字段都会显示在窗体上，这种创建方法的特点是快捷和方便。

2. "窗体设计" 按钮

使用 "窗体设计" 按钮创建的窗体的视图形式为设计视图。在窗体的设计视图中，用户可以按自己的需要自定义设计窗体。

3. "空白窗体" 按钮

"空白窗体" 按钮的功能是创建一个空白窗体，以布局视图的方式设计和修改窗体。如果要在窗体上显示少量字段，使用这种方法最为适宜。

4. "窗体向导" 按钮

"窗体向导" 按钮是一种辅助用户创建窗体的工具，这种创建方法的特点如下。
（1）根据向导提示的步骤进行操作，操作简便。
（2）能够创建各种类型的窗体，如纵栏式、表格式和数据表式等。
（3）能够创建多数据表窗体，将多个数据表中的数据反映在一个窗体中。

5. "导航" 按钮

"导航" 按钮用于创建具有导航按钮，即网页形式的窗体，也称为导航窗体。导航窗体有六种不同的布局格式，如图 4-22 所示。虽然布局格式不同，但创建方式是相同的。"导航" 按钮更适合于创建 Web 形式的数据库窗体。

6. "其他窗体" 按钮

在 "其他窗体" 下拉列表中，可以选择创建特定窗体，如图 4-23 所示。

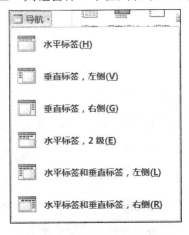

图 4-22　导航窗体的布局格式

图 4-23　其他窗体

（1）多个项目：使用"窗体"按钮创建窗体时，窗体上只显示一条记录，而使用"多选项个项目"选项创建窗体时，窗体上可以显示多条记录，如图 4-7 所示。

（2）数据表：生成数据表形式的窗体，如图 4-8 所示。

（3）分割窗体：可以同时为数据提供两种视图，即窗体视图和数据表视图。分割窗体不同于主/子窗体的组合，它的两个视图的数据源为同一数据源，并且相互保持同步。如果在窗体的某个视图中选择一个字段，则在另一个视图中与其相同的字段也被选中，如图 4-9 所示。

（4）模式对话框：可以创建一个带有"确定"和"取消"按钮的弹出式窗体。生成的窗体总是保持在系统的最前面，不关闭该窗体，不能进行其他操作。登录窗体就属于这种窗体，如图 4-4 所示。

（5）数据透视图：生成基于数据源的数据透视图窗体，如图 4-12 所示。

（6）数据透视表：生成基于数据源的数据透视表窗体，如图 4-11 所示。

4.2.1　自动创建窗体

Access 提供了多种自动创建窗体的方法，基本步骤都是先打开（或选定）一个表或查询，然后选择某种自动创建窗体的工具创建窗体。

1．使用"窗体"按钮创建窗体

使用"窗体"按钮创建的窗体，其数据源来自某个表或查询，窗体的布局结构简单规整。这种方法创建的窗体是一种显示单条记录的窗体。

【例 4.1】利用"窗体"按钮创建窗体，使该窗体显示"学生"表中所有信息，并将窗体保存为"例 1"。运行界面如图 4-24 所示。

图 4-24　例 4.1 运行界面

操作步骤如下。

（1）选择数据源。打开"教学管理"数据库，在导航窗格中选中"学生"数据表。

（2）创建窗体。单击"创建"选项卡"窗体"组中的"窗体"按钮，即可自动创建如图 4-25 所示的窗体。

图 4-25 使用"窗体"按钮创建窗体

（3）浏览记录。窗体的最下方包含导航按钮，通过导航按钮可以浏览表中的记录。也可以在"搜索"文本框中输入关键词，窗体中将显示搜索到的记录。

说明：如果"学生"表和"选课"表存在关系，则窗体中不仅显示当前数据源学生表的所有字段，还显示与"学生"表存在一对多关系的"选课"表中的相关记录。在窗体中，"选课"表的数据是以一个子窗体形式呈现的，这种窗体称为主/子窗体，如图 4-26 所示。

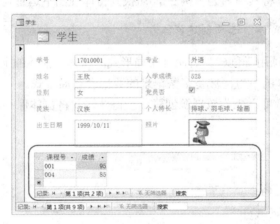

图 4-26 使用"窗体"按钮创建一对多关系的窗体

（4）保存并运行窗体。单击快速访问工具栏中的"保存"按钮，在弹出的"另存为"对话框中，输入窗体的名称为"例 1"，然后单击"确定"按钮。单击"设计"选项卡"视图"组中的"视图"按钮，或者右击窗体的标题栏，在弹出的快捷菜单中选择"窗体视图"命令，运行窗体。

2. 使用"多个项目"选项创建窗体

"多个项目"选项用于创建一种具有在窗体上显示多条记录的布局形式的窗体。

【例 4.2】以"学生"表为数据源创建多个项目窗体，并将窗体保存为"例 2"。运行界面如图 4-27 所示。

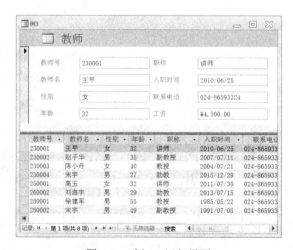

图 4-27　例 4.2 运行界面

操作步骤如下。

（1）选择数据源。打开"教学管理"数据库，在导航窗格中选中"学生"数据表。

（2）创建窗体。单击"创建"选项卡"窗体"组中的"其他窗体"下拉按钮，在打开的下拉列表中选择"多个项目"选项。Access 会自动创建包含多条记录的窗体，并打开其布局视图。

说明：利用"多个项目"选项创建的窗体包含了数据源表中的所有字段，并以记录条目的方式呈现结果，"OLE 对象"数据类型的字段也可以在表格中正常显示。

（3）保存窗体，将其命名为"例 2"，切换到窗体视图下运行窗体。

3. 使用"分割窗体"选项创建窗体

"分割窗体"选项用于创建具有两种布局形式的窗体。窗体的上方区域是单一记录纵栏式布局方式，窗体的下方区域是多条记录的数据表布局方式。

【例 4.3】以"教师"表为数据源创建分割窗体，并将窗体保存为"例 3"。运行界面如图 4-28 所示。

图 4-28　例 4.3 运行界面

操作步骤如下。

(1) 选择数据源。打开"教学管理"数据库，在导航窗格中选中"教师"表。

(2) 创建窗体。单击"创建"选项卡"窗体"组中的"其他窗体"下拉按钮，在打开的下拉列表中选择"分割窗体"选项，系统将自动创建分割窗体。

(3) 保存窗体，将其命名为"例 3"，切换到窗体视图下运行窗体。

4. 使用"模式对话框"选项创建窗体

使用"模式对话框"选项可以创建模式对话框窗体，这种窗体带有"确定"和"取消"两个命令按钮，是一种信息交互窗体。这类窗体的运行方式是独占的，在退出"模式对话框"窗体前不能打开或操作其他数据库对象。

【例 4.4】创建模式对话框窗体，该窗体中包含"确定"和"取消"两个命令按钮，将窗体保存为"例 4"。运行界面如图 4-29 所示。

操作步骤如下。

(1) 打开"教学管理"数据库。

(2) 创建窗体。单击"创建"选项卡"窗体"组中的"其他窗体"下拉按钮，在打开的下拉列表中选择"模式对话框"选项，系统自动生成模式对话框窗体，如图 4-30 所示。

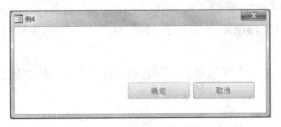

图 4-29　模式对话框窗体

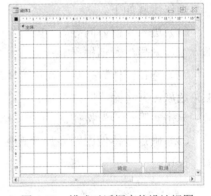

图 4-30　模式对话框窗体设计视图

(3) 调整布局。调整两个命令按钮的位置和窗体的大小。

(4) 保存窗体，将其命名为"例 4"，切换到窗体视图下运行窗体。

说明：模式对话框窗体并不直接显示数据表中的记录，它实际上是一个未完成的窗体，需要通过窗体设计器进一步设计来完成一个特定功能。

4.2.2　使用"窗体向导"按钮创建窗体

使用"窗体向导"按钮能够非常方便地创建多种布局的窗体，此方法不仅简单易学，而且可以避免出现错误。

在 Access 窗口功能区，单击"创建"选项卡"窗体"组中的"窗体向导"按钮，即可弹出"窗体向导"对话框。

1. 创建基于单个数据源的窗体

【例 4.5】利用"窗体向导"按钮创建一个纵栏式窗体，该窗体显示"学生"表中除"照片"字段外的所有信息，窗体的标题为"学生情况一览表"，并将窗体保存为"例 5"。运行界面如图 4-31 所示。

图 4-31　例 4.5 运行界面

操作步骤如下。

（1）进入"窗体向导"。单击"创建"选项卡"窗体"组中的"窗体向导"按钮，弹出"窗体向导"对话框。

（2）选择窗体数据源。在"窗体向导"对话框的"表/查询"下拉列表中选择"表：学生"选项，并将除"照片"字段外的所有字段添加到"选定字段"列表中，如图 4-32 所示。单击"下一步"按钮。

（3）确定窗体使用的布局。选中"纵栏表"单选按钮，如图 4-33 所示，单击"下一步"按钮。

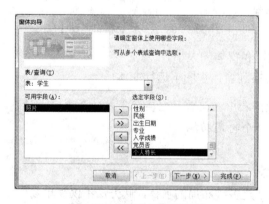

图 4-32　选择数据源和字段

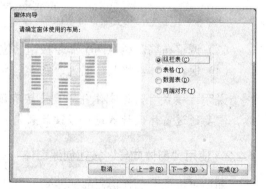

图 4-33　选择布局方式

（4）指定窗体标题。在"请为窗体指定标题"文本框中输入窗体的标题为"学生情况一览表"，如图 4-34 所示。

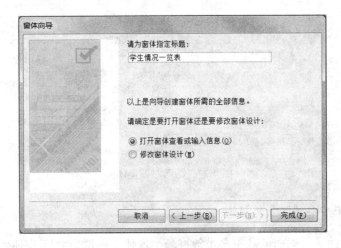

图 4-34　指定窗体的标题

（5）单击"完成"按钮，自动保存窗体。

说明：使用"窗体向导"创建窗体后，系统自动为窗体命名，窗体名称默认与窗体的标题相同，所以本例中创建的窗体名称为"学生情况一览表"。

（6）关闭"学生情况一览表"窗体，然后在导航窗格中，右击"学生情况一览表"窗体，在弹出的快捷菜单中选择"重命名"命令，输入窗体的名称为"例5"。

说明：如果在确定窗体布局时选择了其他布局方式，则可以生成不同布局格式的窗体，如图 4-35～图 4-37 所示。

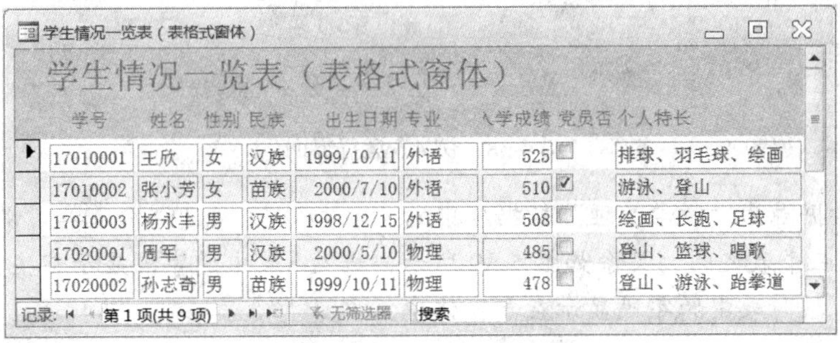

学号	姓名	性别	民族	出生日期	专业	入学成绩	党员否	个人特长
17010001	王欣	女	汉族	1999/10/11	外语	525	☐	排球、羽毛球、绘画
17010002	张小芳	女	苗族	2000/7/10	外语	510	☑	游泳、登山
17010003	杨永丰	男	汉族	1998/12/15	外语	508	☐	绘画、长跑、足球
17020001	周军	男	汉族	2000/5/10	物理	485	☐	登山、篮球、唱歌
17020002	孙志奇	男	苗族	1999/10/11	物理	478	☐	登山、游泳、跆拳道

记录：第1项(共9项)　无筛选器　搜索

图 4-35　表格式窗体

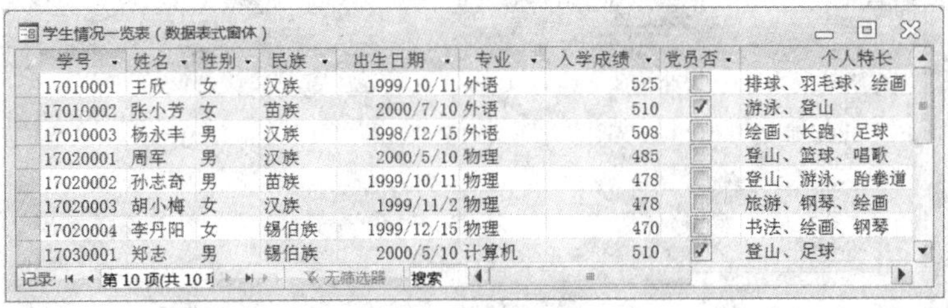

学号	姓名	性别	民族	出生日期	专业	入学成绩	党员否	个人特长
17010001	王欣	女	汉族	1999/10/11	外语	525	☐	排球、羽毛球、绘画
17010002	张小芳	女	苗族	2000/7/10	外语	510	☑	游泳、登山
17010003	杨永丰	男	汉族	1998/12/15	外语	508	☐	绘画、长跑、足球
17020001	周军	男	汉族	2000/5/10	物理	485	☐	登山、篮球、唱歌
17020002	孙志奇	男	苗族	1999/10/11	物理	478	☐	登山、游泳、跆拳道
17020003	胡小梅	女	汉族	1999/11/2	物理	478	☐	旅游、钢琴、绘画
17020004	李丹阳	女	锡伯族	1999/12/15	物理	470	☐	书法、绘画、钢琴
17030001	郑志	男	锡伯族	2000/5/10	计算机	510	☑	登山、足球

记录：第10项(共10项)　无筛选器　搜索

图 4-36　数据表式窗体

图 4-37　两端对齐窗体

2. 创建基于多个数据源的窗体

使用"窗体向导"创建的基于多个数据源的窗体，通常为主/子窗体。

【**例 4.6**】利用"窗体向导"创建一个主/子窗体，该窗体显示学生的学号、姓名、专业，以及所选课程的课程名和成绩。将窗体保存为"例 6"，运行界面如图 4-38 所示。

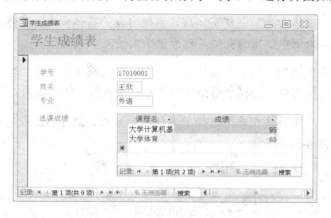

图 4-38　例 4.6 运行界面

　　分析：数据源为"教学管理"数据库中的"学生"表、"选课"表和"课程"表中的若干字段，这三个表之间的关系如图 4-39 所示。"学生"表中的字段显示在主窗体中，"选课"表和"课程"表中的字段显示在子窗体中。

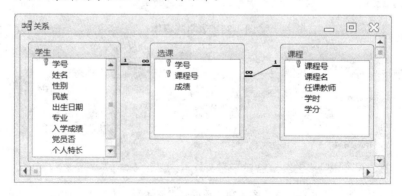

图 4-39　三个表之间的关系

操作步骤如下。

（1）进入"窗体向导"。单击"创建"选项卡"窗体"组中的"窗体向导"按钮，弹出"窗体向导"对话框。

（2）选择窗体数据源。在"窗体向导"对话框的"表/查询"下拉列表中选择"表：学生"选项，将"学号""姓名""专业"字段添加到"选定字段"列表中；使用相同方法，将"课程"表中的"课程名"字段和"选课"表中的"成绩"字段添加到"选定字段"列表中，结果如图 4-40 所示。单击"下一步"按钮。

（3）确定查看数据的方式。选择"通过 学生"查看数据的方式，选中"带有子窗体的窗体"单选按钮，即"学生"表中的字段显示在主窗体中，"选课"表和"课程"表中的字段显示在子窗体中。如图 4-41 所示，对话框的右侧显示了主/子窗体中数据布局的预览效果。单击"下一步"按钮。

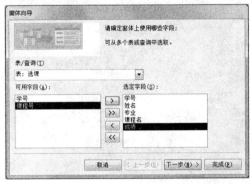

图 4-40　从三个表中选取字段　　　　图 4-41　确定查看数据的方式

（4）确定子窗体使用的布局。选中"数据表"单选按钮，如图 4-42 所示。单击"下一步"按钮。

（5）指定窗体标题。输入窗体的标题为"学生成绩表"，子窗体的标题为"选课成绩"，如图 4-43 所示。

图 4-42　确定子窗体使用的布局　　　　图 4-43　指定窗体的标题

（6）保存窗体。单击"完成"按钮，自动保存窗体。关闭该窗体后，在导航窗格中将窗体重命名为"例 6"。

说明:

(1) 当多个数据源中的数据来自具有一对多关系的表或查询中时,所创建的窗体就是主/子窗体。主窗体显示关系中"一"方的数据,子窗体显示关系中"多"方的数据。主窗体是纵栏式布局,子窗体可以是表格式或数据表式布局。

(2) 数据源如果是存在主从关系的多个表,则选择不同的查看数据的方式,会产生不同结构的窗体。

本例中,如果选择"通过 选课"查看数据的方式,如图 4-44 所示,则将创建单个窗体,该窗体将显示三个数据源连接后产生的所有记录,最终创建的窗体如图 4-45 所示。

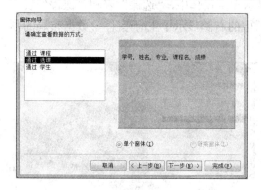

图 4-44　确定查看数据的方式

图 4-45　单个窗体

4.2.3　使用"空白窗体"按钮创建窗体

使用"空白窗体"按钮创建的窗体,其视图形式为布局视图,用户可以直接在布局视图下添加数据表的各个字段,完成窗体的创建。

【例 4.7】使用"空白窗体"按钮创建窗体,该窗体显示"学生"表中的"学号""姓名""性别""出生日期""照片"信息。将窗体保存为"例 7",运行界面如图 4-46 所示。

图 4-46　例 4.7 运行界面

操作步骤如下。

(1) 创建窗体。单击"创建"选项卡"窗体"组中的"空白窗体"按钮。Access 将在布局视图中打开一个空白窗体,并显示"字段列表"窗格,如图 4-47 所示。

图 4-47 空白窗体和"字段列表"窗格

（2）显示字段。在"字段列表"窗格中，单击"显示所有表"链接，数据库中所有的数据表将显示在对话框中。单击"学生"表左侧的"+"号，展开"学生"表所包含的字段，如图 4-48 所示。

（3）添加字段。依次双击或拖动"学生"表中的"学号""姓名""性别""出生日期""照片"字段，将它们添加到窗体中，并同时显示表中的第 1 条记录。此时，"字段列表"对话框分成了上下两部分，上部分窗格中显示了可用于此视图的字段，下部分窗格中显示了相关表中的可用字段，如图 4-49 所示。

图 4-48 "字段列表"对话框

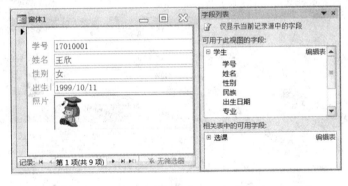

图 4-49 添加了字段后的窗体和"字段列表"对话框

（4）关闭"字段列表"对话框，调整控件布局，将窗体保存为"例 7"，切换到窗体视图下运行窗体。

4.2.4 创建主/子窗体

主/子窗体一般以一个数据表或查询中的数据作为主窗体的显示内容，而将另一个具有一对多关系的数据表或查询中的相关内容显示在子窗体中，形成主/子窗体形式。

说明：创建主/子窗体前，一般要先建立好两个数据表之间的关系。

1. 利用"窗体向导"创建主/子窗体

使用"窗体向导"创建的基于多个数据源的窗体,称为主/子窗体。操作步骤与例 4.6 相同。

2. 利用"窗体"按钮创建主/子窗体

首先要建立数据表的一对多关系,然后利用"窗体"按钮创建窗体的方法创建主/子窗体,操作步骤与例 4.1 相同。

3. 使用拖动鼠标的方法创建主/子窗体

使用"窗体向导"创建的主/子窗体,子窗体通常为表格式窗体或数据表式窗体,如图 4-38 所示。如果要创建纵栏式子窗体,可以使用拖动鼠标的方法创建。

【例 4.8】以"学生"表和"选课"表为数据源创建一个主/子窗体,主窗体中显示学生信息,纵栏式子窗体中显示该学生的选课信息,并将窗体保存为"例 8",运行界面如图 4-50 所示。

图 4-50　例 4.8 运行界面

操作步骤如下。

（1）创建子窗体。打开"教学管理"数据库,在导航窗格中选中"选课"表,单击"创建"选项卡"窗体"组中的"窗体"按钮,创建如图 4-51 所示的窗体,将窗体保存为"选课"。

（2）创建主窗体。在导航窗格中选中"学生"表,单击"创建"选项卡"窗体"组中的"窗体"按钮,创建如图 4-52 所示的窗体,将窗体保存为"学生"。

图 4-51 "选课"子窗体

图 4-52 "学生"主窗体

（3）拖动子窗体到主窗体中。在主窗体的布局视图下，将导航窗格中的"选课"窗体拖动到主窗体中，并调整位置和布局，如图 4-53 所示。

（4）链接或关联主/子窗体。两个窗体中的数据各自独立，并无关联，此时需要手动设置两个数据表的联系。

操作步骤如下。

① 右击窗体空白处，在弹出的快捷菜单中选择"属性"命令。在"属性表"窗格中的"所选内容的类型：子窗体/子报表"下拉列表中，选择"选课"选项，如图 4-54 所示。

图 4-53 主/子窗体

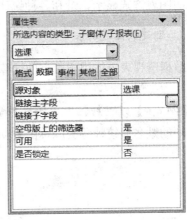

图 4-54 "属性表"窗格

② 单击"数据"选项卡中"链接主字段"右侧的按钮，弹出"子窗体字段链接器"对话框，选择"学号"为主字段和子字段，如图 4-55 所示，单击"确定"按钮。

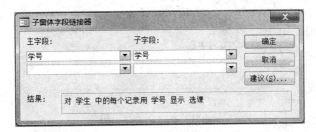

图 4-55 子窗体字段链接器

（5）保存窗体，将其命名为"例 8"。将窗体切换到窗体视图，使用主窗体底部的导航按钮查看记录，此时，主/子窗体中的记录已保持同步变化。

说明：

（1）拖动子窗体时，主窗体应在布局视图下。

（2）主/子窗体创建和保存后，如果将单独保存的子窗体删除，则会破坏建立好的主/子窗体链接。如果子窗体重新命名了，则需要在"属性表"窗格的"数据"选项卡中，更改子窗体的"源对象"为新命名的子窗体，如图 4-54 所示。

4. 利用子窗体/子报表控件创建主/子窗体

利用"设计"选项卡"控件"组中的"子窗体/子报表"按钮也可以创建主/子窗体，具体的创建方法将在 4.3.4 小节中详细介绍。

4.2.5　创建图表窗体

使用"其他按钮"工具可以创建数据透视表窗体和数据透视图窗体，这种窗体能以直观的图表方式显示记录和各种统计分析的结果。

1. 创建数据透视表窗体

数据透视表一般用于数据的计算、统计和分析，其创建过程与 Excel 中创建数据透视表的步骤类似。

【例 4.9】以"教师"表为数据源创建数据透视表窗体，按"性别"和"职称"显示教师的姓名并统计各类职称的教师人数，并将窗体保存为"例 9"，运行界面如图 4-56 所示。

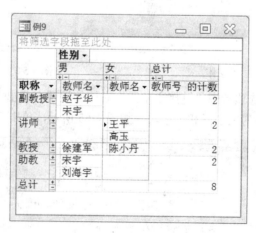

图 4-56　例 4.9 运行界面

操作步骤如下。

（1）选择数据源。打开"教学管理"数据库，在导航窗格中选中"教师"表。

（2）创建窗体。单击"创建"选项卡"窗体"组中的"其他窗体"下拉按钮，在打
开的下拉列表中选择"数据透视表"选项，打开数据透视表视图，如图 4-57 所示。

（3）显示字段。单击"设计"选项卡"显示/隐藏"组中的"字段列表"按钮，打开
"数据透视表字段列表"（以下简称"字段列表"）对话框，其中详细列出了"教师"表中
的字段名，如图 4-57 所示。

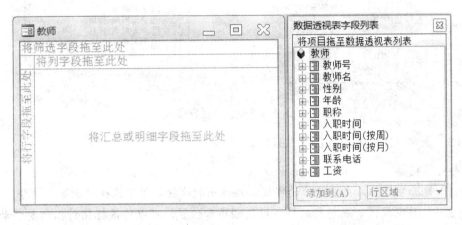

图 4-57　数据透视表视图和"字段列表"对话框

（4）添加字段。

①"职称"为行字段，将其拖至"行区域"。"性别"为列字段，将其拖至"列区域"。
结果如图 4-58 所示。

②"教师名"为明细字段，将其拖至"明细数据"区域。结果如图 4-59 所示。

图 4-58　添加行列字段

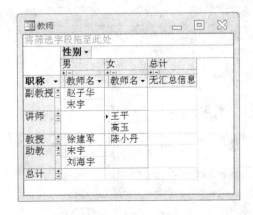

图 4-59　添加明细字段

③"教师号"为汇总字段，将其拖至"数据区域"，即透视表右侧"无汇总信息"栏
中。统计结果如图 4-60 所示。

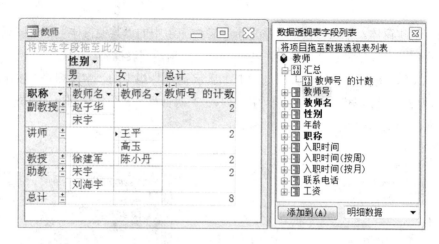

图 4-60　数据透视表窗体

（5）保存窗体，将其命名为"例 9"。

◆知识拓展：

（1）删除字段。右击要删除的字段，在弹出的快捷菜单中选择"删除"命令。

（2）移动字段。如果想要调整字段的顺序和位置，可以将鼠标指针指向要移动的字段，当鼠标指针呈"十"字箭头时拖动鼠标即可。

（3）添加字段。拖动"字段列表"对话框中的字段到指定位置，或使用"字段列表"中的"添加到"按钮，将选中的字段添加到相应的区域。

（4）筛选字段。单击字段旁的下拉按钮，可以选取筛选内容。如图 4-61 所示，单击"职称"旁的下拉按钮，在打开的下拉列表中只选中"教授"复选框，单击"确定"按钮后，数据透视表只显示职称为教授的人数，结果如图 4-62 所示。

图 4-61　筛选字段

图 4-62　统计职称为教授的人数

（5）隐藏或显示明细数据。单击字段旁的"–"或"+"符号（或者右击行字段或列字段，在弹出的快捷菜单中选择"隐藏详细信息"或"显示详细信息"命令），可以隐藏或显示明细数据。如果隐藏了明细数据，将只显示统计的结果，如图 4-63 所示。

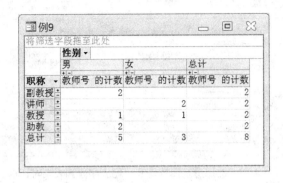

图 4-63 隐藏了明细数据的结果

2. 创建数据透视图窗体

数据透视图是一种交互式的图，利用它可以将数据库中的数据以图形的方式显示，从而直观地获得数据信息。

【例 4.10】以"教师"表为数据源创建数据透视图窗体，统计各类职称中男女教师的人数。窗体中行坐标轴标题为"职称"，列坐标轴标题为"人数"，将窗体保存为"例 10"，运行界面如图 4-64 所示。

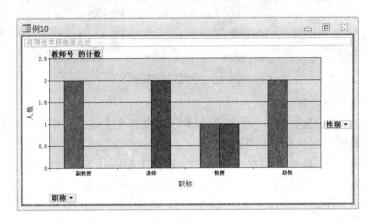

图 4-64 例 4.10 运行界面

操作步骤如下。

（1）选择数据源。打开"教学管理"数据库，在导航窗格中选中"教师"表。

（2）创建窗体。单击"创建"选项卡"窗体"组中的"其他窗体"下拉按钮，在打开的下拉列表中选择"数据透视图"选项，打开数据透视图视图，如图 4-65 所示。

（3）显示字段。单击"设计"选项卡"显示/隐藏"组中的"字段列表"按钮，弹出"图表字段列表"对话框，其中详细列出了"教师"表中的字段名，如图 4-65 所示。

图 4-65 数据透视图视图和"图表字段列表"对话框

（4）添加字段。

① "职称"为分类字段，将其拖至"分类区域"。

② "性别"为系列字段，将其拖至"系列区域"。

③ "教师号"为数据字段，将其拖至"数据区域"。结果如图 4-66 所示。

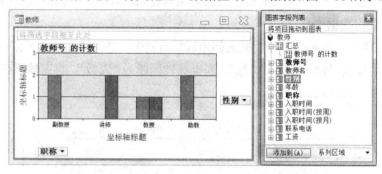

图 4-66 数据透视图窗体

（5）修改坐标轴标题。

① 选中行"坐标轴标题"，单击"设计"选项卡"工具"组中的"属性表"按钮，弹出图表的"属性"对话框，如图 4-67 所示。

② 单击"格式"选项卡，在"标题"文本框中输入行坐标轴标题为"职称"。利用同样方法，设置列坐标轴标题为"人数"，设置结果如图 4-68 所示。

图 4-67 "属性"对话框

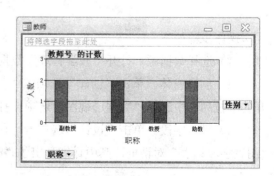

图 4-68 带有坐标轴标题的数据透视图窗体

（6）保存窗体，将其命名为"例 10"。

说明： 在数据透视图中，分类计数值采用不同的颜色色块来表示，色块从左至右与"性别"下拉列表中的值自上而下对应。如果将鼠标指针指向某一色块，即会出现相应的提示信息。

4.3 设 计 窗 体

窗体是用户访问数据库的窗口。窗体的设计要适应人们输入和查看数据的具体要求和习惯，应该有完整的功能和清晰的外观。有效的窗体可以加快用户使用数据库的速度，视觉上有吸引力的窗体可以使数据库更实用、更高效。

4.3.1 窗体设计视图

1. 窗体设计视图的组成

窗体的设计视图由五部分组成，分别是窗体页眉、页面页眉、主体、页面页脚和窗体页脚，统称为节，只有在设计视图中可以看到窗体中的各个节，每个节都有"节选择器""节栏""节背景"，如图 4-69 所示。

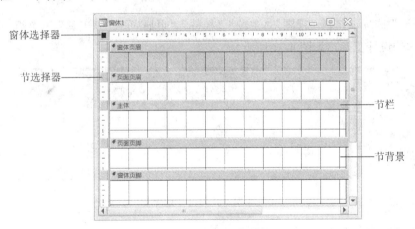

图 4-69　窗体设计视图组成

（1）主体：窗体最重要的部分，主要用来显示记录数据。

（2）窗体页眉：位于窗体顶部，一般用于设置窗体的标题、使用说明或执行某些其他任务的命令按钮。

（3）窗体页脚：位于窗体底部，一般用于设置窗体中所有记录都要显示的内容，也可以设置使用说明和命令按钮。

（4）页面页眉：用来设置窗体在打印时的页眉信息，如标题、徽标等。

（5）页面页脚：用来设置窗体在打印时的页脚信息，这点与 Word 中的页眉、页脚作用相同。

Access 提供的创建窗体的方法，各自有其鲜明的特点，其中以在设计视图中创建最为灵活，且功能最强。利用设计视图可以创建基本窗体，并对其进行自定义设置，也可以修改用"窗体向导"等其他方式创建的窗体，使之更加完善。

说明：

（1）默认情况下，设计视图只有主体节。如果需要添加其他节，可以右击窗体空白处，在弹出的快捷菜中选择"页面页眉/页脚"或"窗体页眉/页脚"命令，如图 4-70 所示。

（2）窗体各个节的分界横条称为节栏，使用它可以选定节，上下拖动它可以调节节的高度。

（3）在窗体的左上角有一个黑色小方块，它是"窗体选择器"按钮。双击它可以打开窗体的"属性表"窗格。

图 4-70　窗体的快捷菜单

2．"窗体布局工具"选项卡

打开窗体的设计视图后，在功能区中将显示"窗体布局工具"选项卡，该选项卡由"设计""排列""格式"三个子选项卡组成，如图 4-71 所示。

1）"设计"选项卡

"设计"选项卡包括"视图""主题""控件""页眉/页脚""工具"五个组，这些组提供了窗体的设计工具，如图 4-71 所示。

图 4-71　"设计"选项卡

（1）视图：用于选择窗体的视图方式。

（2）主题：用于设置窗体的外观格式、颜色与字体。

（3）控件：设计窗体的主要工具，它由多个控件组成。

（4）页眉/页脚：用于设置窗体页眉/页脚和页面页眉/页脚。

（5）工具：用于设置窗体及控件属性的相关工具。

2）"排列"选项卡

"排列"选项卡包括"表""行和列""合并/拆分""移动""位置""调整大小和排序"六个组，主要用来对齐和排列控件，如图 4-72 所示。

图 4-72 "排列"选项卡

（1）表：设置表格的布局方式，包括"网格线""堆积""表格""删除布局"四个按钮。

（2）行和列：该组命令按钮的功能类似于在 Word 表格中插入行/列的命令按钮。

（3）合并/拆分：将所选的控件进行拆分和合并。

（4）移动：可以快速移动控件在窗体中的位置。

（5）位置：用于调整控件的位置。

（6）调整大小和排序："大小/空格"和"对齐"按钮用于调整控件的排列布局，"置于顶层"和"置于底层"按钮用于调整控件所在的图层位置。

3）"格式"选项卡

"格式"选项卡包括"所选内容""字体""数字""背景""控件格式"五个组，主要用来设置控件的各种格式，如图 4-73 所示。

图 4-73 "格式"选项卡

（1）所选内容：用于选择窗体中的控件。

（2）字体：用于设置所选控件的字体。

（3）数字：用于设置字段的数字类型。

（4）背景：用于设置背景图像或背景颜色。

（5）控件格式：用于设置控件的格式，包括形状、填充和轮廓等。

3. 字段列表

在窗体的设计视图中，单击"设计"选项卡"工具"组中的"添加现有字段"按钮，打开"字段列表"窗格，如图 4-74 所示。

"字段列表"是列出了记录源中全部字段的窗格，拖动"字段列表"窗格中的字段到窗体设计视图，可以快速创建绑定型控件。

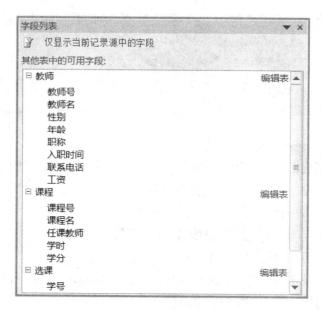

图 4-74 "字段列表"窗格

4.3.2 窗体的常用控件

控件是各种用于显示和修改数据、执行操作和修饰窗体的对象,它是构成用户界面的主要元素。

1. 窗体控件的类型

按照控件和数据源的关系的不同,可以将控件分为三类。

1) 绑定型控件

绑定型控件与窗体或子窗体的数据源中的一个字段绑定,用于显示、输入和更新数据表中字段。Access 自身的绑定控件包括文本框、组合框和列表框等。

2) 未绑定型控件

未绑定型控件没有数据来源,一般用于显示信息。

3) 计算型控件

计算型控件使用表达式作为控件的数据源。表达式可以是对某一个字段值进行运算的表达式,也可以是其他表达式。

2. 窗体控件的主要功能

窗体常用控件的图标、名称及其主要功能,如表 4-1 所示。

表 4-1 常用控件及功能

图标	名称	功能
	选择	选定一个或多个对象，以便移动和改变控件的大小
abl	文本框	用于输入或编辑文本，显示计算结果或接收用户输入的数据
Aa	标签	用于显示文字的控件，如窗体标题等。Access 会自动为创建的控件附加标签
	按钮	用于执行一组命令，完成各种操作
	选项卡控件	用于创建一个多页的选项卡控件，在选项卡上可以添加其他控件
	超链接	用于创建指向网页、图片、电子邮件地址或程序的链接
	Web 浏览器控件	用于在窗体上直接显示链接的网页内容或图像文件等
	导航控件	添加基于选项卡的窗体，或者在子窗体中添加报表导航
	选项组	与复选框、选项按钮或切换按钮搭配使用，可以显示一组可选值
	插入分页符	用于在窗体中创建一个新的区域，或在打印窗体时插入下一个页面
	组合框	是列表框和文本框的组合，既可在文本框中直接输入文字，也可在列表框中选择输入的文字，其值会保存在定义的字段变量或内存变量中
	图表	利用图表向导创建图表
	直线	创建线条控件，用于在窗体上画各种直线
	切换按钮	具有弹起和按下两种状态，可用于"是/否"型字段的绑定控件
	列表框	用于创建列表框，显示供用户选择的列表项
	矩形	创建形状控件，用于在窗体上画矩形
	复选框	具有选中和不选中两种状态，作为可同时选中的一组选项中的一项
	未绑定对象框	在窗体中显示非绑定型 OLE 对象，如 Excel 电子表格。当记录改变时，该对象保持不变
	附件	用于添加附件文件
	选项按钮	具有选中和不选中两种状态，作为互相排斥的一组选项中的一项
	子窗体/子报表	添加一个子窗体或子报表，可用来显示多个表中的数据
	绑定对象框	在窗体中显示绑定型 OLE 对象，如 Excel 电子表格。当记录改变时，该对象会一起改变
	图像	用于在窗体中显示静态图片，该图片不能在 Access 中编辑
	设置为控件默认值	将当前选中的控件的属性值作为默认值，以后生成的同类控件都自动采用这些属性值
	使用控件向导	打开或关闭控件向导。按下该按钮，在创建其他控件时，会启动控件向导来创建控件，如组合框、列表框、选项组和命令按钮等控件都可以使用控件向导来创建
	ActiveX 控件	创建 ActiveX 自定义控件

3. 创建控件的方法

在设计视图中创建控件，可以根据控件类型的不同采取不同的方法。

1）创建绑定控件

创建绑定控件最快捷的方法是使用"字段列表"来绑定。

在创建绑定控件的窗体中，可以通过在"字段列表"窗格中拖动或双击字段名来创建控件。Access 会根据所选字段的数据类型为字段创建适当的控件，并设置某些属性，如图 4-75 所示。

图 4-75　拖动或双击字段创建绑定控件

2）创建未绑定控件

在"设计"选项卡的"控件"组中选择所需控件，然后在窗体的适当位置处单击即可创建未绑定控件。若创建标签控件，需要拖动鼠标画一个矩形框。

对于功能较强的控件（如命令按钮、列表框、子窗体、组合框和选项组等），可启用控件向导功能，在添加这些控件时，将自动弹出相应的向导对话框以引导操作步骤，加快控件的创建过程。

未绑定控件在设计视图中显示文字"未绑定"，如图 4-76 所示。

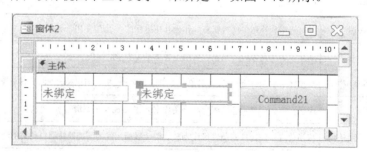

图 4-76　创建未绑定控件

利用上述方法完成控件的基本创建以后，通常还需要在控件的"属性表"窗格中进行一些参数设置，使控件的功能得到充分表现，外观也更加清晰、合理。

4.3.3 窗体和控件的属性

窗体的属性确定了对象的功能特性、结构和外观,使用"属性表"窗格可以设置对象的属性。

1. "属性表"窗格和属性的设置方法

在窗体的设计视图中,单击"设计"选项卡"工具"组中的"属性表"按钮,打开"属性表"窗格。窗格中列出了窗体和它所包含的其他对象的相关属性,帮助用户设置窗体及其控件的功能、外观等属性,如图 4-77 所示。

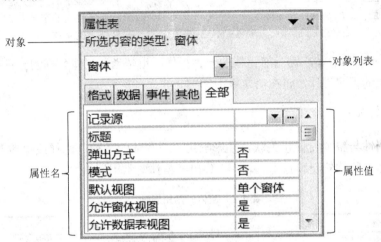

图 4-77 "属性表"窗格

1)"属性表"的组成

在窗格下方的各个选项卡中左侧是属性名,右侧是属性值,窗格上方的下拉列表中包含了当前窗体中所有的对象,可以从中选择要设置属性的对象。

"属性表"窗格包含五个选项卡:

(1)格式:用来设置窗体或控件的外观,如视图类型、窗体的位置和大小、图片、分割线和边框样式等。

(2)数据:设置对象的数据源、数据规则及输入掩码等。

(3)事件:设置对象针对不同的事件可以执行相应的自定义操作。

(4)其他:设置对象的其他属性。

(5)全部:包括以上所有属性。

说明:单击"设计"选项卡"工具"组中的"属性表"按钮,或者右击窗体,在弹出的快捷菜单中选择"属性"命令,都可以打开"属性表"窗格。

2)属性的设置方法

(1)利用"属性表"窗格为属性赋值。

① 在"属性表"窗格中设置某一属性时,先单击要设置的属性,然后在对应属性框中输入一个设置值或表达式。

② 如果属性框中显示有下拉按钮，则可以单击该按钮并从列表中选择一个值。

③ 如果属性框右侧显示有"生成器"按钮，则单击该按钮弹出相应的生成器对话框或弹出一个可用以选择生成器的对话框，通过该生成器可以设置其属性值。

（2）利用命令语句为属性赋值。

为属性赋值的语句的一般格式为

　　[<集合名>].<对象名>.<属性名>=属性值

大多数情况下，<集合名>都表示当前对象所属的容器，如窗体、报表等。

```
Me.Label0.Caption="您好"              '标签上显示的文字为您好'
Me.Label0.FontSize=20                '标签上文字的字号为20'
Me.Command0.ForeColor=RGB(255,0,0)   '按钮上的字体颜色为红色'
```

其中，Me 表示当前窗体，是当前窗体的一种指代，也是当前窗体名称的一种表示形式。有关面向对象的程序设计，将在第 7 章中详细介绍。

2. 窗体的常用属性

窗体的属性与整个窗体相关联，并影响用户对窗体的体验。选择或更改窗体属性，可以确定窗体的整体外观和行为。表 4-2 列出了窗体的常用属性。

表 4-2　窗体的常用属性

类型	属性名称	属性标识	功能
格式属性	标题	Caption	窗体视图标题栏上显示的文字信息，默认名为"窗体 1""窗体 2"……，如图 4-78 所示
	默认视图	DefaultView	设置打开窗体时所用的视图。默认为"单一窗体"，即每页显示一条记录，"连续窗体"可显示多条记录
	滚动条	ScrollBars	窗体显示时是否具有滚动条，如图 4-78 所示
	允许窗体视图	AllowFormView	是否可以在窗体视图中查看指定的窗体
	记录选择器	RecordSelectors	设置在窗体视图中是否显示"记录选择器"，如图 4-78 所示
	导航按钮	NavigationButtons	设置窗体下方是否需要显示跳转记录的导航条。如果不需要浏览数据或在窗体上已设置了数据浏览按钮，则该属性值应设为"否"，这样可以增加窗体的可读性，如图 4-78 所示
	分隔线	DividingLines	在窗体视图中是否显示各节间的分割线，如图 4-78 所示
	自动调整	AutoResize	窗体打开时自动调整窗体大小，以保证显示完整信息
	自动居中	AutoCenter	设置窗体打开时是否自动居于屏幕中央。如果设置为"否"，则窗体打开时居于窗体设计视图最后一次保存时的位置
	边框样式	BorderStyle	用于设置窗体的边框和边框元素（标题栏、"控制"菜单、"最小化"按钮、"最大化"按钮或"关闭"按钮）的类型。当设置为无边框时，该窗体无边框及标题栏
	控制框	ControlBox	设置窗体标题栏左边是否显示一个窗体图标，实际上这就是窗体的控制按钮，单击它可以打开窗体的"控制"菜单，如图 4-78 所示
	最大化最小化按钮	MinMaxButtons	用于设置窗体的标题栏右侧是否使用 Windows 标准的"最大化"按钮和"最小化"按钮，如图 4-78 所示
	图片	Picture	用于设置对象的背景图片
	图片类型	PictureType	用于设置对象的图片存储为链接对象还是嵌入对象
	图片缩放模式	PictrueSizeMode	用于设置窗体或报表中的图片调整大小的方式

续表

类型	属性名称	属性标识	功能
数据属性	记录源	RecordSource	用于设置窗体的数据源，即窗体绑定的数据表或查询
	筛选	Filter	设置窗体显示数据的筛选条件，如"性别="男""
	排序依据	OrderBy	设置窗体显示记录的顺序，其属性值是一个字符串表达式，由字段名或字段名表达式组成，指定排序的规则，如"性别 Desc"
	允许添加	AllowAdditions	指定用户是否可以在窗体运行时对数据进行添加、删除或编辑修改等操作
	允许删除	AllowDeletions	
	允许编辑	AllowEdits	
	数据输入	DataEntry	其属性值如果为"是"，则在窗体打开时，只显示一条空记录，否则显示数据源中已有记录
	记录锁定	RecordLocks	有三个属性值："不锁定""所有记录""已编辑的记录"。"不锁定"表示允许多用户同时编辑同一条记录；"所有记录"表示所有记录被锁定，用户只能读取，不能编辑；"已编辑记录"表式锁定正在编辑的记录，直到用户移动到其他记录
其他属性	弹出方式	PopUP	设置窗体或报表是否作为弹出式窗口打开
	模式	Modal	设置窗体是否可以作为模式窗口打开。当窗体作为模式窗口打开时，在焦点移到另一个对象之前，必须先关闭该窗口
	快捷菜单	ShortcutMenu	设置当右击窗体上的对象时，是否显示快捷菜单

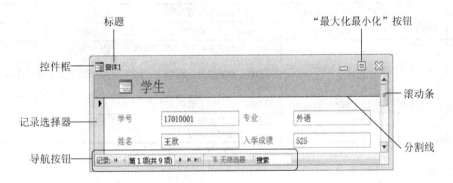

图 4-78　窗口组成

3. 控件的常用属性

表 4-3 列出了控件的常用属性。

表 4-3　控件的常用属性

类型	属性名称	属性标识	功能
格式属性	标题	Caption	用于设置对象显示的文字信息
	格式	Format	用于自定义数字、日期、时间和文本的显示方式
	可见	Visible	用于设置是否在窗体上显示控件
	宽度	Width	用于设置控件的水平尺寸
	高度	Height	用于设置控件的垂直尺寸
	上边距	Top	用于设置控件距窗体顶边的距离
	左边距	Left	用于设置控件距窗体左边的距离

续表

类型	属性名称	属性标识	功能
格式属性	边框样式	BorderStyle	用于设置控件边框的显示方式，如"透明""实线"等
	背景样式	BackStyle	用于设置控件的背景是否透明
	特殊效果	SpecialEffect	用于设置控件的显示效果，如"平面""凸起""凹陷"等
	字体名称	FontName	用于设置字体的名称
	字号	FontSize	用于设置字体的大小
	字体粗细	FontWeight	用于设置字体的粗细
	倾斜字体	FontItalic	用于设置字体是否倾斜
	背景色	BackColor	用于设置控件的背景颜色
	前景色	ForeColor	用于设置控件显示文字的颜色
数据属性	控件来源	ControlSource	指定在控件中显示的数据。可以显示和编辑绑定到表、查询或 SQL 语句中的数据，还可以显示表达式的结果
	输入掩码	InputMask	用于设定控件的输入格式，仅对文本型或日期型数据有效
	默认值	DefaultValue	用于设定一个计算型控件或非结合型控件的初始值
	可用	Enabled	当值为"True"时，控件为可用状态
	是否锁定	Locked	当值为"True"时，控件值为只读状态，不能修改
	有效性规则	ValidationRule	用于设定在控件中输入数据的合法性检查表达式
	有效性文本	ValidationText	用于指定违背了有效性规则时，显示给用户的提示信息
其他属性	名称	Name	用于标识控件名，控件名称必须唯一。对于未绑定控件，默认名称是"控件类别+序号"，如文本框的默认名称为"Text0""Text1"……；对于绑定控件，默认名称是数据源中绑定字段的名称。删除控件后，序号不重新排列
	状态栏文字	StatusBarText	用于设定状态栏上的显示文字
	控件提示文本	ControlTipText	用于设定用户在将鼠标指针放在一个对象上后是否显示提示文本，以及显示的提示文本内容

4. 窗体和控件的事件

事件是一种预先定义好的特定的动作，由用户或系统激活。

事件的发生通常是用户操作的结果。是否对所发生事件做出响应，可以通过对象"属性表"窗格中的"事件"选项卡来设置。常见的事件和触发时机如表 4-4 所示。

表 4-4　对象的常用事件

类型	事件名称	触发时机
键盘事件	键按下	当窗体或控件具有焦点时，在键盘上按下任意键时触发
	键释放	当窗体或控件具有焦点时，释放一个按下键时触发
鼠标事件	单击	当用户在对象上单击时触发
	双击	当用户在对象上双击时触发
	鼠标按下	当用户在对象上按下鼠标键时触发
	鼠标移动	当用户在对象上移动鼠标时触发
	鼠标释放	当用户在对象上释放鼠标时触发

续表

类型	事件名称	触发时机
对象事件	获得焦点	当对象接收到焦点时触发
	失去焦点	当对象失去焦点时触发
	更改	当文本框或组合框中文本部分的内容发生更改时触发；在选项卡控件中从某一页移到另一页时该事件也会触发
窗口事件	打开	在打开窗体，但第 1 条记录尚未显示时触发
	关闭	当窗体关闭并从屏幕上消失时触发
	加载	当窗体打开并且显示其中记录时触发
操作事件	删除	当一条记录被删除但未确认和执行删除时发生
	插入前	当插入记录时，输入第 1 个字符时触发
	插入后	当插入记录时，记录保存到数据库之后触发
	成为当前	当焦点移动到一条记录上，使之成为当前记录时触发，或当窗体刷新或重新查询窗体的数据来源时触发
	不在列表中	在组合框的文本框中输入非组合框列表中的值时触发

4.3.4　常用控件的功能和使用

1. 标签控件

标签（Label）主要用来在窗体或报表上显示说明性文字，分为独立标签和附加标签。

（1）独立标签：使用"标签"工具创建的标签控件是独立标签，独立标签不显示字段或表达式的值，它没有数据源，仅用于显示信息（如窗体标题）或其他说明性文本。在数据表视图中不显示独立标签。

（2）附加标签：在创建除标签外的其他控件时，都将同时创建一个标签控件到该控件上，用以说明该控件的作用，而且标签上显示与之相关联的字段标题，这种标签称为附加标签，如图 4-79 所示。有关附加标签的使用方法，将在后面文本框的讲解中详细介绍。

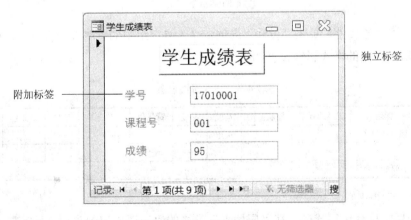

图 4-79　标签控件

【例 4.11】在窗体中添加一个标签，标签上显示"不要单击我!"。当单击标签后，该标签隐藏；当单击窗体后，标签重新显示。将窗体保存为"例 11"，运行界面如图 4-80 所示。

图 4-80　例 4.11 运行界面

操作步骤如下。

（1）新建窗体，并添加控件。单击"创建"选项卡"窗体"组中的"窗体设计"按钮，在打开的窗体设计视图中添加一个标签控件，并在其中输入文字"不要单击我!"，如图 4-81 所示。

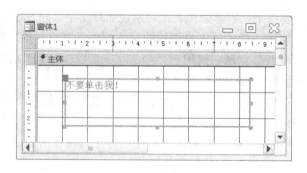

图 4-81　标签控件

（2）设置对象属性。单击"设计"选项卡"工具"组中的"属性表"按钮，打开"属性表"窗格。对象的格式属性设置如表 4-5 所示。

表 4-5　格式属性设置

控件名称	标题	记录选择器	导航按钮	宽度	高度	背景色	字体名称	字号	前景色	文本对齐
窗体	标签不见了	否	否	9cm	—	—	—	—	—	—
主体	—	—	—	—	4cm	橙色	—	—	—	—
Label0	不要单击我!	—	—	4cm	1cm	—	黑体	18	红色	居中

（3）编写代码。

① 为标签控件编写代码。在"属性表"窗格的"所选内容的类型：标签"下拉列表中选择"Label0"选项，如图 4-82 所示。单击"事件"选项卡中的"单击"属性框右侧的"生成器"按钮（或右击标签，在弹出的快捷菜单中选择"事件生成器"命令），在

弹出的"选择生成器"对话框中选择"代码生成器"选项，单击"确定"按钮，如图4-83所示。

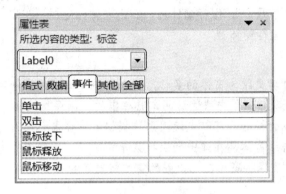

图 4-82 "属性表"窗格 　　　　　　　　图 4-83 "选择生成器"对话框

在 VBA 代码窗口中编辑标签的单击（Click）事件代码，如图4-84所示。

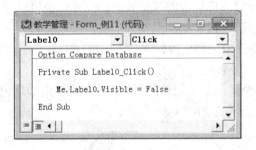

图 4-84 标签的单击事件代码

② 为主体编写代码。与为标签控件编写代码的操作步骤相同，打开主体的代码窗口，在 VBA 代码窗口中编辑主体的单击事件代码，如图4-85所示。

说明：单击"设计"选项卡"工具"组中的"查看代码"按钮，或者右击主体，在弹出的快捷菜单中选择"事件生成器"命令，都可以打开 VBA 代码窗口。在代码窗口的下拉列表中选择对象名称，即可显示选中对象的代码编辑窗口，如图4-86所示。

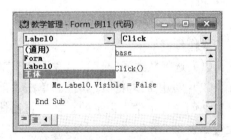

图 4-85 主体的单击事件代码 　　　　　　图 4-86 在代码窗口中选取对象

③ 关闭 VBA 代码窗口。

（4）保存窗体，将其命名为"例 11"。

（5）重新修改窗体的标题为"标签不见了"，保存窗体后，右击窗体标题栏，在弹出的快捷菜单中选择"窗体视图"命令，运行窗体。

说明：

（1）保存窗体后，窗体的标题会自动更改为窗体的名称，所以本例中的窗体在保存后，需要重新修改窗体的标题。标题修改后，单击快速访问工具栏中的"保存"按钮。

（2）为了在保存窗体时不更改窗体的标题，可以先使用系统提供的窗体名称保存，然后关闭该窗体后，在导航窗格中右击该窗体，在弹出的快捷菜单中选择"重命名"命令，重新输入窗体名称即可。采用此方法保存窗体，已设置的窗体标题不会再更改。

2．按钮控件

按钮提供了一种只需单击它即可执行操作的方法。单击按钮时，不仅会执行相应的操作，其外观也会有先按下后释放的视觉效果。在窗体中可以使用按钮来启动一项操作或一组操作。若要使按钮在窗体上实现某些功能，可以编写相应的宏或事件过程，并将它附加在按钮的单击事件中。利用控件向导可以创建多种系统预定义的命令按钮。

1）利用向导创建命令按钮

【例 4.12】创建一个显示学生记录的窗体，并在窗体中添加记录导航命令按钮，将窗体保存为"例 12"，运行界面如图 4-87 所示。

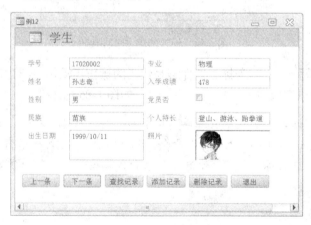

图 4-87　例 4.12 运行界面

操作步骤如下。

（1）选择数据源。打开"教学管理"数据库，在导航窗格中选中"学生"表。

（2）创建窗体并修改属性。单击"创建"选项卡"窗体"组中的"窗体"按钮，即可自动创建显示学生记录的窗体。将窗体切换到设计视图下，修改属性值，其格式属性设置如表 4-6 所示。

表 4-6 格式属性设置

控件名称	记录选择器	导航按钮	高度
窗体	否	否	—
主体	—	—	8cm

（3）添加按钮控件。单击"设计"选项卡"控件"组中的"按钮"按钮，在主体区下方位置处单击，弹出"命令按钮向导"对话框。

① 确定按钮功能。在"类别"列表框中选择"记录导航"选项，在"操作"列表框中选择"转至前一项记录"选项，如图 4-88 所示。单击"下一步"按钮。

② 设置按钮外观。选中"文本"单选按钮，并在后面的文本框中输入"上一条"，如图 4-89 所示。此操作可以理解为定义该按钮的标题（Caption）属性为"上一条"。单击"下一步"按钮。

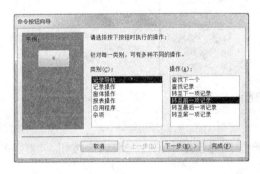

图 4-88 确定按钮功能　　　　　图 4-89 设置按钮外观

③ 设置按钮名称。指定该按钮的名称为"before"，即定义该按钮的 Name 属性，如图 4-90 所示。单击"完成"按钮。

按照相同的方法，设置其他按钮的功能。

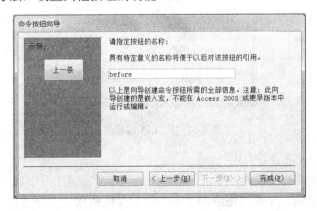

图 4-90 设置按钮名称

（4）保存窗体，将其命名为"例 12"。切换到窗体视图下运行窗体。

说明:

（1）为了使按钮具有相同的宽度，可同时选中所有按钮，然后在属性窗口中设置"宽度"属性值为 2cm。

（2）为了使按钮排列整齐，可同时选中所有按钮，单击"排列"选项卡"调整大小和排序"组中的"对齐"下拉按钮，在打开的下拉列表中选择"靠上"选项；单击"大小/空格"下拉按钮，在打开的下拉列表的"间距"组中选择"水平相等"选项，如图 4-91 所示。

图 4-91　调整按钮的布局选项

2）创建自定义命令按钮

创建按钮时，如果在弹出的"命令按钮向导"对话框中单击"取消"按钮，则创建的按钮为自定义按钮。

【例 4.13】在窗体中添加一个标签和两个按钮。当单击"向左走"按钮时，标签文字向左移动；当单击"向右走"按钮时，标签文字向右移动。将窗体保存为"例 13"，运行界面如图 4-92 所示。

图 4-92　例 4.13 运行界面

操作步骤如下。

（1）创建窗体并添加控件。单击"创建"选项卡"窗体"组中的"窗体设计"按钮，打开窗体的设计视图。在该视图中添加两个自定义按钮和一个标签控件，输入标签显示的内容为"去哪里？"。

（2）设置对象属性，并调整控件的大小和位置。对象的格式属性和其他属性设置如表 4-7 所示。

表 4-7 属性设置（格式属性和其他属性）

控件名称	标题	字号	文本 对齐	记录 选择器	导航 按钮	宽度	高度	弹出方式 （其他属性）
Label0	去哪里？	22	居中	—	—	—	—	—
Command1	向左走	14	—	—	—	—	—	—
Command2	向右走	14	—	—	—	—	—	—
窗体	—	—	—	否	否	10cm	—	是
主体	—	—	—	—	—	—	5cm	—

（3）编写按钮的单击事件代码。

```
Private Sub Command1_Click()
    Me.Label0.Left=Me.Label0.Left-10
End Sub

Private Sub Command2_Click()
    Me.Label0.Left=Me.Label0.Left+10
End Sub
```

（4）保存窗体，将其命名为"例 13"。切换到"窗体视图"下运行窗体。

3. 文本框控件

文本框（Text）既可以显示数据，也可以输入和编辑数据。文本框分为绑定型、未绑定型和计算型三种类型，如图 4-93 所示。

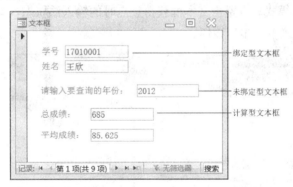

图 4-93 文本框控件

1）绑定型文本框

绑定型文本框是从表或查询的字段中获取所显示的内容。在设计视图中，绑定型控件显示表或查询中具体的字段名称。

在例 4.7 中，将"字段列表"中字段拖动到窗体内适当位置，即可在该窗体中创建绑定型文本框，如图 4-49 所示。

2）未绑定型文本框

未绑定型文本框在设计视图中以"未绑定"字样显示，一般用来显示提示信息或接收用户输入数据等。

【例 4.14】设计一个窗体，输入半径后，单击"计算"按钮，文本框中将显示圆的面积。将窗体保存为"例 14"，运行界面如图 4-94 所示。

图 4-94　例 4.14 运行界面

操作步骤如下。

（1）新建窗体，并添加控件。单击"创建"选项卡"窗体"组中的"窗体设计"按钮，打开窗体的设计视图。单击"设计"选项卡"控件"组中的"文本框"按钮，在主体空白处单击，弹出"文本框向导"对话框。

① 设置文本框格式。在此对话框中可以设置字体的格式、文本对齐方式及行间距等，本例取默认设置，如图 4-95 所示。单击"下一步"按钮。

② 设置输入法模式。设置当文本框获得焦点时的输入法状态，本例取默认设置，如图 4-96 所示。单击"下一步"按钮。

图 4-95　设置文本框格式　　　　　　　图 4-96　设置输入法模式

③ 设置文本框名称。设置文本框的名称为"Text0"，如图 4-97 所示。

④ 单击"完成"按钮，就创建了一个未绑定型的文本框控件，如图 4-98 所示。

（2）控件的属性设置及布局调整。创建某些种类的控件时，Access 会自动给这些控件添加一个附属于该控件的标签，这种标签称为附加标签，起标识作用。

说明：如果创建控件时按住 Ctrl 键，则不添加附加标签。

附加标签的标题一般默认与主控件的名称相同，如图 4-98 所示，文本框 Text0 的附加标签的标题就是"Text0"。在本例中单击文本框控件的附加标签，修改其标题为"请输入圆的半径："，并拖动其左上角的句柄调整位置，如图 4-99 所示。

利用相同的方法，再添加一个文本框（Text2）和一个按钮（Command4）控件，修改文本框附加标签的标题为"圆面积："，按钮的标题为"计算"，如图 4-100 所示。

图 4-97　设置文本框名称

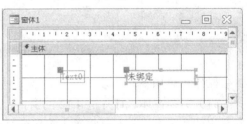

图 4-98　添加未绑定文本框

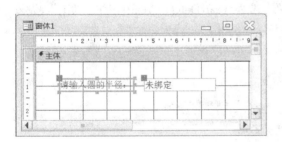

图 4-99　修改附加标签的标题

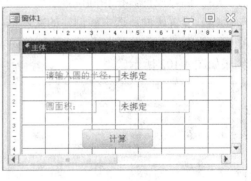

图 4-100　添加完控件的窗体界面

（3）编写按钮的单击事件代码。

```
Private Sub Command4_Click()
    Text2=3.14*Text0*Text0
End Sub
```

（4）保存窗体，命名为"例 14"。切换到窗体视图下运行窗体。

3）计算型文本框

计算型文本框用于放置计算表达式以显示表达式的结果。

【例 4.15】将例 4.12 窗体中的"出生日期"改为"年龄"，年龄可由出生日期计算得到。将窗体保存为"例 15"，运行界面如图 4-101 所示。

图 4-101　例 4.15 运行界面

操作步骤如下。

（1）另存窗体。打开例 4.12 的窗体，选择"文件"选项卡下的"对象另存为"选项，在弹出的"另存为"对话框输入窗体的名称为"例 15"，单击"确定"按钮。

（2）删除控件。切换到窗体的设计视图，删除"出生日期"文本框。

（3）创建控件。在相同位置上创建一个文本框，附加标签改为"年龄："。

（4）设置属性。选中新创建的文本框，在"属性表"窗格中，单击"数据"选项卡，在"控件来源"文本框中输入计算年龄的表达式"=Year(Date())-Year([出生日期])"。设置结果如图 4-102 所示。

图 4-102　设置文本框的控件来源

（5）保存窗体，切换到窗体视图下运行窗体。

4. 列表框控件

列表框（List）控件用于显示供用户选择的列表项，可以包含一列或几列数据，用户只能从列表中选择值，而不能输入新值。当列表项很多，不能同时显示时，列表框将产生滚动条。

列表框分为绑定型与未绑定型两种。列表框中的数据来源可以是数据表或查询中的某个字段，也可以是用户自行输入的一组值。利用控件向导可以很方便地创建列表框。

【例 4.16】修改例 4.15 窗体，将专业显示在列表中，这样在输入新记录专业字段时，无须手动输入值，只需在列表中选择专业即可。将窗体保存为"例 16"，运行界面如图 4-103 所示。

图 4-103　例 4.16 运行界面

操作步骤如下。

（1）另存窗体。打开例 4.15 的窗体，选择"文件"→"对象另存为"命令，在弹出的"另存为"对话框输入窗体的名称为"例 16"，单击"确定"按钮。

（2）删除控件。切换到窗体的设计视图，删除"专业"标签和文本框，并将"年龄"标签和文本框调整到原来"专业"的位置。整体布局如图 4-104 所示。

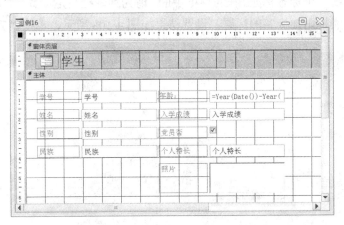

图 4-104　删除"专业"标签和文本框并调整布局

（3）创建列表框控件。单击"设计"选项卡"控件"组中的"列表框"按钮，在"年龄"标签原来位置处单击，弹出"列表框向导"对话框。

① 确定列表框获取数值的方式。在对话框中选中"自行键入所需的值"单选按钮，如图 4-105 所示。单击"下一步"按钮。

说明：如果用户创建用于输入或修改记录的窗体，那么一般情况下应选中"自行键入所需的值"单选按钮，这样列表框中列出的数据不会重复；如果用户创建的是用于显示记录的窗体，那么可以选中"使用列表框获取其他表或查询中的值"单选按钮，这时列表框中将显示存储在表或查询中的实际值。

② 输入列表项。在"第 1 列"列表中依次输入"外语""物理""计算机"，如图 4-106 所示。单击"下一步"按钮。

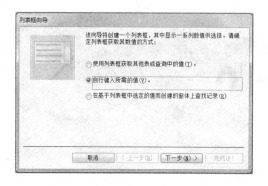

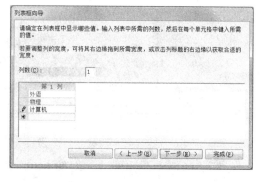

图 4-105　确定列表框获取数值的方式   图 4-106　输入列表项

③ 设置保存的字段。在对话框中选中"将该数值保存在这个字段中"单选按钮，并单击右侧的下拉按钮，在打开的下拉列表中选择"专业"字段，设置结果如图 4-107 所示。单击"下一步"按钮。

④ 为列表框指定标签标题。在对话框中的"请为列表框指定标签"文本框中输入"专业"，作为该列表框附加标签的标题，设置结果如图 4-108 所示。单击"完成"按钮。

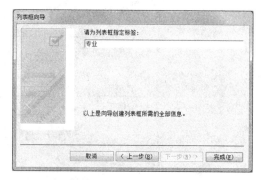

图 4-107　设置保存的字段   图 4-108　为列表框指定标签标题

（4）调整控件的布局，保存窗体，切换到窗体视图下运行窗体。

说明：在窗体中单击"添加记录"按钮后，其他字段为空，只有列表框中显示专业名称，如图 4-109 所示。当输入新记录时，专业字段可直接从列表框中选择。

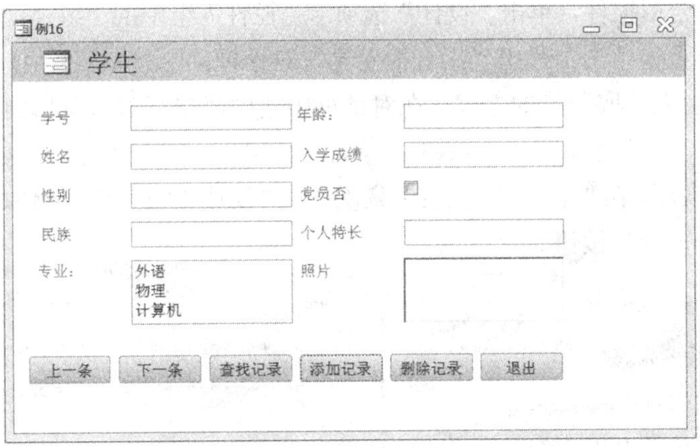

图 4-109　例 4.16 "添加记录" 运行界面

5. 组合框控件

组合框（Combo）是文本框和列表框的组合，不仅可以从列表中选取数据，而且还可以输入数据。通常在窗体中输入的数据是取自某一个表或查询中的数据，使用组合框或列表框控件进行输入，既保证了输入数据的正确性，又提高了数据输入的效率。

【例 4.17】修改例 4.16 窗体，将 "民族" 显示在组合框中，这样在输入新记录的 "民族" 字段时，既可以手动输入值，也可以在组合框列表中选择。将窗体保存为 "例 17"，运行界面如图 4-110 所示。

图 4-110　例 4.17 运行界面

操作步骤如下。

（1）打开例 4.16 的窗体，将其另存为 "例 17"。

（2）删除 "民族" 标签和文本框。

（3）创建组合框控件。单击"设计"选项卡"控件"组中的"组合框"按钮，在"民族"标签原来位置处单击，弹出"组合框向导"对话框。

① 确定列表框获取数值的方式。在对话框中选中"自行键入所需的值"单选按钮，如图 4-111 所示。单击"下一步"按钮。

② 输入列表项。在"第 1 列"列表中依次输入"汉族""苗族""锡伯族"，如图 4-112 所示。单击"下一步"按钮。

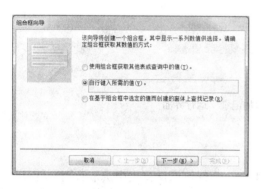
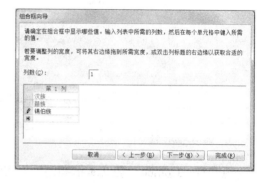

图 4-111　确定组合框获取数值的方式　　　　图 4-112　输入列表项

③ 设置保存的字段。在对话框中选中"将该数值保存在这个字段中"单选按钮，并单击右侧的下拉按钮，在打开的下拉列表中选择"民族"选项，设置结果如图 4-113 所示。单击"下一步"按钮。

④ 为组合框指定标签标题。在对话框中的"请为组合框指定标签"文本框中输入"民族"，作为该组合框附加标签的标题，设置结果如图 4-114 所示。单击"完成"按钮。

图 4-113　设置保存的字段　　　　　　　图 4-114　为组合框指定标签标题

（4）调整控件的布局，保存窗体，切换到窗体视图下运行窗体。

说明：在窗体中单击"添加记录"按钮，可输入新的记录。添加民族字段时，既可以在组合框中输入文本（本例中输入"回族"），也可以在下拉列表中进行选择，设置结果如图 4-115 所示。

图 4-115 例 4.17 运行界面

6. 复选框、选项按钮、切换按钮控件

复选框（Check）、选项按钮（Option）和切换按钮（Toggle）作为单独的控件用来显示表或查询中的"是/否"值。当选中复选框或选项按钮时，设置为"是"，如果未选中则设置为"否"。对于切换按钮，如果单击"切换按钮"，其值为"是"，否则为"否"，如图 4-116 所示。

将一个"是/否"数据类型字段直接从"字段列表"窗格拖动到窗体中，是创建复选框最便捷的方法。如果需要，也可以将复选框更改为选项按钮或切换按钮，方法为右击复选框，在弹出的快捷菜单中选择"更改为"命令，在其级联菜单中选取要更改的控件类型，如图 4-117 所示。

图 4-116 复选框、选项按钮、切换按钮

图 4-117 更改控件类型

7. 选项组控件

选项组（Frame）是由一个框架及复选框、选项按钮或切换按钮组成，如图 4-116 所示。在窗体中可以使用选项组来显示一组限制性的选项值，在选项组中每次只能选择一个选项。

【例 4.18】修改例 4.17 窗体，利用选项组中的选项按钮表示性别，将窗体保存为"例18"，运行界面如图 4-118 所示。

图 4-118   例 4.18 运行界面

操作步骤如下。

（1）打开例 4.17 的窗体，将其另存为"例 18"。

（2）删除"性别"标签和文本框。

（3）创建选项组控件。单击"设计"选项卡"控件"组中的"选项组"按钮，在"性别"标签原来的位置处单击，弹出"选项组向导"对话框。

① 设置选项标签名称。在对话框中的"标签名称"列表中分别输入"男""女"，结果如图 4-119 所示。单击"下一步"按钮。

② 设置默认选项。在对话框中选中"否，不需要默认选项"单选按钮，如图 4-120所示。单击"下一步"按钮。

图 4-119   设置选项标签名称

图 4-120   设置默认选项

③ 设置选项值。在对话框中为每个选项设置选项值，"男"的选项值为 1，"女"的选项值为 2，设置结果如图 4-121 所示。单击"下一步"按钮。

④ 设置保存结果。在对话框中选中"为稍后使用保存这个值"单选按钮，设置结果如图 4-122 所示。单击"下一步"按钮。

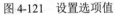

图 4-121　设置选项值

图 4-122　设置保存结果

说明： 选项组的结果是数字型数据，选择"男"，结果为 1，选择"女"，结果为 2。但数据表中"性别"字段的类型为文本型，如果在"性别"字段中保存选项组的值，则会修改表中性别字段的值为"1"或"2"，所以本例中没有选中"在此字段中保存该值"单选按钮。

⑤ 设置选项组中的控件类型和样式。在对话框中选择"选项按钮"作为选项组中的控件，选取样式为"蚀刻"，设置结果如图 4-123 所示。单击"下一步"按钮。

⑥ 为选项组指定标签标题。在对话框中的"请为选项组指定标题"文本框中输入"性别"，作为该选项组附加标签的标题，设置结果如图 4-124 所示。单击"完成"按钮。

图 4-123　设置选项组中的控件类型和样式

图 4-124　为选项组指定标签标题

（4）属性设置。由于选项组和"性别"字段的数据类型不同，所以不能将"性别"字段作为选项组的数据源。窗体运行后，选项组由于没有绑定数据源而没有选项显示，如图 4-125 所示，所以需要在"属性表"窗格中为选项组手动添加"控件来源"属性。

单击"数据"选项卡，在"控件来源"文本框中输入"=IIf([性别]="男",1,2)"，如图 4-126 所示。

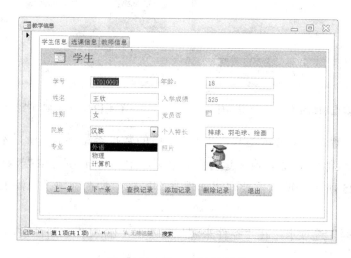

图 4-125　没有绑定数据源的选项组运行结果　　　图 4-126　选项组的属性设置

说明： Iif 是条件函数，函数格式为 Iif(条件表达式,表达式 1,表达式 2)，该函数根据条件表达式的结果决定函数的返回值。如果条件表达式的结果为真，函数的返回值为表达 1 的值；如果条件表达式的结果为假，则函数的返回值为表达式 2 的值。

由于本例中选项组的数据源是一个表达式的结果，而不是"性别"字段中的值，所以只能显示记录内容，而不能添加新记录。

（5）调整控件布局，保存窗体，切换到窗体视图下运行窗体。

8. 选项卡控件

当窗体中的内容较多，无法在一页全部显示时，可以使用选项卡控件进行分页显示。单击选项卡控件上的标签，可以在多个页面间进行切换。选项卡控件主要用于将多个不同格式的数据操作窗体封装在一个选项卡中。

【**例 4.19**】创建"教学信息"窗体，窗体包含三部分内容，分别是"学生信息""选课信息""教师信息"，这三部分内容显示在选项卡的三个页面中，其中例 4.17 的窗体显示在"学生信息"页面中。将窗体保存为"例 19"，运行界面如图 4-127 所示。

图 4-127　例 4.19 运行界面

操作步骤如下。

（1）新建窗体，并添加控件。单击"创建"选项卡"窗体"组中的"窗体设计"按钮，在打开的窗体设计视图中添加一个选项卡控件，右击选项卡控件的"页 1"页面，在弹出的快捷菜单中选择"插入页"命令，为选项卡添加一个页面，如图 4-128 所示。保存窗体为"例 19"。

（2）设置对象属性，对象的格式属性设置如表 4-8 所示。设置完成后的界面如图 4-129所示。

表 4-8　格式属性设置

控件名称	标题	滚动条
窗体	教学信息	两者均无
页 1	学生信息	—
页 2	选课信息	—
页 3	教师信息	—

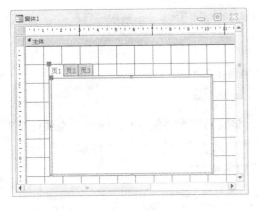

图 4-128　具有三个页面的选项卡　　　　　　图 4-129　设置对象的属性

（3）在"学生信息"页面中添加窗体。选择"学生信息"页面，将导航空格中的"例17"窗体拖动到"学生信息"页面中，删除标题为"例 17："的附加标签，并调整控件的大小和布局。

（4）保存窗体，切换到窗体视图下运行窗体。

说明：

（1）当在选项卡上添加控件或用鼠标指针拖动字段到选项卡上时，选项卡应呈黑色背景状态，否则说明操作不正确。

（2）应该使用鼠标将"字段列表"窗格中的字段拖动到选项卡上，而不是双击字段，否则字段可能被放置在窗体上，而不是在选项卡上。

9. 子窗体/子报表控件

使用子窗体/子报表（Child）控件可以创建主/子窗体，即在一个窗体中显示另一个窗体。

【例 4.20】在例 4.19 的窗体的"选课信息"页面中添加一个子窗体，用于显示选课表中的信息。将窗体保存为"例 20"，运行界面如图 4-130 所示。

图 4-130 例 4.20 运行界面

操作步骤如下。

（1）设置主窗体。打开例 4.19 中的窗体，将其另存为"例 20"。选择"选课信息"页面，在"字段列表"窗格中，拖动"学生"表中的"学号""姓名""性别""照片"字段到选项卡的"选课信息"页面上。界面设置如图 4-131 所示。

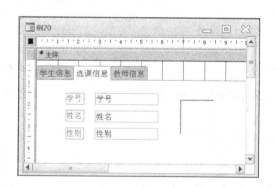
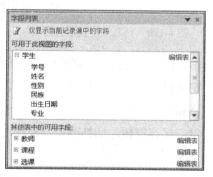

图 4-131 设置主窗体

（2）添加子窗体/子报表控件。单击"设计"选项卡"控件"组中的"子窗体/子报表"按钮，在"选课信息"页面的适当位置处单击，弹出"子窗体向导"对话框。

① 选择子窗体的数据源。在对话框中选中"使用现有的表和查询"单选按钮，作为子窗体的数据源，如图 4-132 所示。单击"下一步"按钮。

② 选取字段。在对话框的下拉列表中选择"表：选课"选项，并选取所有字段，设置如图 4-133 所示。单击"下一步"按钮。

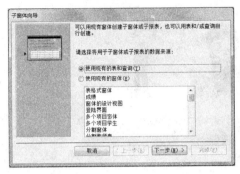

图 4-132 设置子窗体的数据源

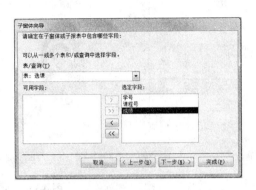

图 4-133 选取字段

③ 设置主、子窗体的链接字段。在"子窗体向导"对话框中选中"从列表中选择"单选按钮，并在下面列表框中选择"对 <SQL 语句> 中的每条记录用学号 显示 选课"选项，设置结果如图 4-134 所示。单击"下一步"按钮。

④ 设置子窗体标题。在"子窗体向导"对话框中的"请指定子窗体或子报表的名称"文本框中输入"考试成绩"，作为子窗体的附加标签标题，同时，也作为子窗体保存的名称，设置界面如图 4-135 所示。单击"完成"按钮。

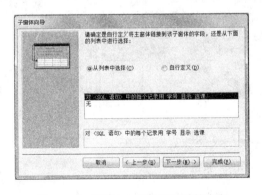

图 4-134 设置主、子窗体的链接字段

图 4-135 设置子窗体的标题和名称

（3）调整控件布局，保存窗体，切换到窗体视图下运行窗体。

10. 图像控件

使用图像（Image）控件可以在窗体上显示图像，用以美化窗体。

【例 4.21】在例 4.20 窗体的"教师信息"页面中显示三幅教师的图像，并在图片下方显示教师的姓名。将窗体保存为"例 21"，运行界面如图 4-136 所示。

图 4-136　例 4.21 运行界面

操作步骤如下。

（1）方法一：使用图像控件插入图像。打开例 4.20 窗体，选择"教师信息"页面，单击"设计"选项卡"控件"组中的"图像"按钮，在页面上拖曳出一个矩形框并选择图像文件。

方法二：使用"插入图像"按钮插入图像。单击"设计"选项卡"控件"组中的"插入图像"下拉按钮，如图 4-137 所示，在打开的下拉列表中选择"浏览"选项，选择图像文件后在页面上拖曳出一个矩形框，将图像显示在矩形框中。

图 4-137　"插入图像"按钮

（2）在页面中添加三个标签，并分别设置标签的标题为三名教师的姓名。

（3）将窗体另存为"例 21"，切换到窗体视图下运行窗体。

4.4　美　化　窗　体

窗体的基本功能设计完成之后，一般还要对窗体的外观进行修饰，使之风格统一、界面美观。除了使用窗体和控件属性表中"格式"选项设置相关属性外，还可以通过应用主题和条件格式等功能对窗体进行修饰。

4.4.1　应用主题

主题是修饰、美化窗体的一种快捷方法，它具有统一的设计元素和配色方案，使数据库中的所有窗体都具有统一的色调和风格。

在"设计"选项卡的"主题"组中包括"主题""颜色""字体"三个按钮。Access提供了 44 套主题供用户选择。

应用主题的操作方法为在设计视图下打开窗体，然后单击"主题"按钮，在打开的下拉列表中选择所需要的主题即可。

4.4.2　使用条件格式

除了可以使用"属性表"窗格设置控件的"格式"属性外，还可以根据控件的值，按照指定条件设置相应的显示格式。

【例 4.22】修改例 4.3 的窗体，应用条件格式，使窗体中"工资"字段值以不同的形式显示。条件设置为工资大于 8000 元的用黄色底纹显示，工资小于 4000 元的用红色、加粗、斜体字显示。将窗体保存为"例 22"，结果如图 4-138 所示。

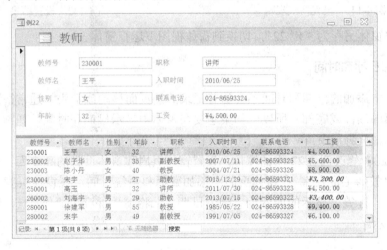

图 4-138　例 4.22 运行结果

操作步骤如下。

（1）打开例 4.3 的窗体，切换到窗体的设计视图，在窗体中选中与"工资"字段绑定的文本框，如图 4-139 所示。

（2）单击"格式"选项卡"控件格式"组中的"条件格式"按钮，弹出"条件格式规则管理器"对话框，如图 4-140 所示。

① 在对话框的"显示其格式规则"下拉列表中选择"工资"字段，单击"新建规则"按钮，在弹出的"新建格式规则"对话框中，根据题目要求，设置工资大于 8000 元的条件格式，设置结果如图 4-141 所示，单击"确定"按钮。

② 重复上一步操作，设置工资小于 4000 元的条件格式，最终的设置结果如图 4-142 所示。

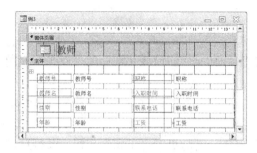 

图 4-139　选中"工资"文本框　　　　图 4-140　"条件格式规则管理器"对话框

图 4-141　设置格式规则　　　　　　图 4-142　设置结果

（3）将窗体另存为"例 22"，切换到窗体视图下运行窗体。

4.4.3　添加日期和时间

在窗体中添加的日期和时间不会随着记录的翻页而移动或消失，通常情况下会一直显示在屏幕的顶部或底部，所以，如果想要在窗体中显示日期和时间，通常会把它放在窗体的页眉或页脚节中。

【例 4.23】修改例 4.22 中的窗体，设置窗体页眉和窗体页脚的高度为 1cm，修改窗体标题为"教师工资表"，在窗体页眉中添加徽标和系统时间，在窗体页脚中添加系统日期和标签，标签上显示的内容为"制表日期："。将窗体保存为"例 23"，运行界面如图 4-143 所示。

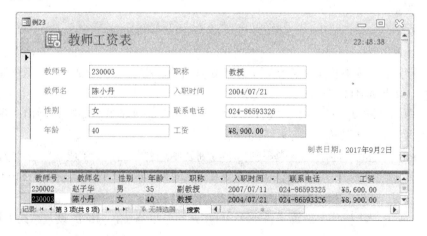

图 4-143　例 4.23 运行界面

操作步骤如下。

（1）添加徽标。打开例 4.22 的窗体，切换到窗体的设计视图，单击"设计"选项卡的"页眉/页脚"组中的"徽标"按钮，在弹出"插入图片"对话框中选择要插入的图片文件。

（2）设置属性。对象的格式属性设置如表 4-9 所示。

表 4-9　格式属性设置

控件名称	高度	缩放模式
窗体页眉	1cm	—
窗体页脚	1cm	—
Auto_Logo0（徽标）	—	缩放

（3）修改标题。单击"设计"选项卡的"页眉/页脚"组中的"标题"按钮，输入"教师工资表"作为窗体的标题。

（4）添加日期和时间。单击"设计"选项卡的"页眉/页脚"组中的"日期和时间"按钮，弹出"日期和时间"对话框，如图 4-144 所示，选取样式后，单击"确定"按钮。

将窗体页眉中的"=Date()"标签拖放至窗体页脚处，并调整其大小和位置。

（5）在窗体页脚添加标签。在窗体页脚处添加一个标签控件，在标签中输入内容"制表日期："，并调整其大小和位置，设计界面如图 4-145 所示。

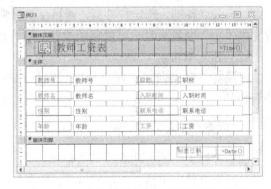

图 4-144　日期和时间设置对话框　　　图 4-145　窗体页眉和窗体页脚的设计界面

（6）保存并运行窗体。将窗体另存为"例 23"，切换到窗体视图下运行窗体。

4.4.4　调整控件的布局

在窗体的布局阶段，需要调整控件的大小、排列或对齐方式，使界面更加有序、美观。

1. 选择控件

（1）选择单个控件。选定控件后，控件周围将出现 8 个小的方形控制柄，如果控件有附加标签，则附加标签与控件一同被选中，如图 4-146 所示。

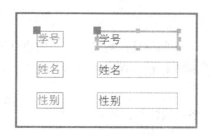

图 4-146 控件的选择

（2）选择多个控件。如果要选择多个控件，可以单击选中第 1 个，然后按住 Shift 键再单击其他控件，或者单击"控件"组中的"选择"按钮，然后在窗体空白位置单击并拖动，则框在矩形区域内的控件均被选中。

（3）选择所有控件。按 Ctrl+A 组合键，可以选择全部控件。

（4）选择一组控件。

在垂直标尺或水平标尺上，按下鼠标左键，这时出现一条垂直线（或水平线），移动直线，释放鼠标后，直线所经过的控件全部被选中。

（5）取消选择。

单击其他控件或单击窗体空白处即可取消当前选择。

2. 移动控件

（1）关联移动。选定控件后，将鼠标指针指向橙色边框处（非控制柄处），当鼠标指针变成"十"字箭头时，可以移动控件，这种移动是将相关联的两个控件同时移动。

（2）独立移动。

将鼠标指针指向控件左上角的控制柄并呈现"十"字箭头时，可拖动鼠标单独移动该控件。

3. 调整控件大小

调整控件大小的方法有以下两种。

（1）利用鼠标调整。选中控件后，将鼠标指针指向控件周围（除左上角）的控制柄，当鼠标指针变成双向箭头时，拖动鼠标即可调整大小，如图 4-147 所示。

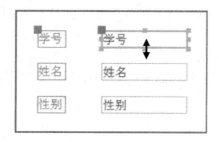

图 4-147 调整控件大小

（2）利用"属性表"窗格。打开"属性表"窗格，在"格式"属性中设置控件的"高度"和"宽度"属性。

4．对齐控件

使用鼠标拖动来使控件对齐是常用的方法，但这种方法效率低，很难达到理想的效果。为了使窗体中的控件更加整齐、美观，应当使用系统提供的控件对齐工具。

操作步骤如下。

（1）在窗体设计视图中选中要对齐的多个控件。

（2）单击"排列"选项卡"调整大小和排序"组中的"对齐"下拉按钮，在打开的下拉列表中选择一种对齐方式。也可以使用"大小/空格""置于顶层""置于底层"等按钮来调整多个控件的相对位置和间距，如图 4-148 所示。

图 4-148 对齐方式

5．删除控件

选中要删除的控件（可以是多个控件），然后按 Delete 键，或者右击要删除的控件，在弹出的快捷菜单中选择"删除"命令。

习 题

1．能够接收图片的窗体控件是（   ）。

    A．图像   B．文本框   C．标签   D．命令按钮

2．要改变窗体上文本框控件的数据源，应设置的属性是（   ）。

    A．记录源   B．控件来源   C．筛选查询   D．默认值

3．控件的类型可以分为（   ）。

    A．绑定型、非绑定型、对象型   B．计算型、非计算型、对象型

    C．绑定型、计算型、对象型   D．绑定型、非绑定型、计算型

4．下列控件中，不能与数据表中的字段绑定的是（   ）。

    A．文本框   B．复选框   C．标签   D．组合框

5．下列选项卡中，主要针对控件的外观或窗体的显示格式而设置的是（   ）。

    A．格式   B．数据   C．事件   D．其他

6. 下列不属于 Access 窗体的视图是（　　　）。

  A．设计视图   B．窗体视图   C．版面视图   D．数据表视图

7. 确定一个控件的位置的属性是（　　　）。

  A．Width 和 Height   B．Width 或 Height

  C．Top 和 Left   D．Top 或 Left

8. Access 的控件对象可以设置某个属性来控制对象是否可见，该属性是（　　　）。

  A．Default   B．Cancel   C．Enabled   D．Visible

9. 主窗体和子窗体通常用于显示多个表或查询中的数据，这些表或查询中的数据一般应该具有（　　　）关系。

  A．一对一   B．一对多   C．多对多   D．关联

第5章 报　　表

报表是将数据库中的数据通过打印机输出的手段。Access 使用报表对象来实现格式数据打印，将数据库中的表或查询的数据进行组合，形成报表，还可以在报表中添加多级汇总、统计比较、图片和图表等。本章主要介绍报表的一些基本应用操作，如报表的创建、报表的设计、分组记录等内容。

5.1　报　表　概　述

创建报表的主要工作是定义报表的数据源和布局。数据源是报表的数据来源，通常是数据表或查询。布局决定报表的输出格式。创建报表和创建窗体的过程基本相同，只是窗体最终显示在屏幕上，而报表则可以打印出来；窗体可以与用户进行信息交互，而报表没有交互功能。

5.1.1　报表的类型

Access 可以创建多种类型的报表，不同类型的报表具有不同的输出布局。常见的报表类型有表格式报表、纵栏式报表、标签式报表和图表报表等。

1. 表格式报表

表格式报表是最常见的一种报表输出格式。在表格式报表中，数据源的每个字段独占一列，与用行和列来显示数据的表格类似。表格式报表也称为分组/汇总报表，可以将数据分组，并对每组中的数据进行统计和计算，如图 5-1 所示。

2. 纵栏式报表

纵栏式报表也称窗体报表，每行默认输出两列信息，一列是数据源的字段名，另一列是该字段的值，如图 5-2 所示。

3. 标签式报表

标签式报表是从报表数据源中提取所需字段，制作成类似名片的短信息形式报表。在实际应用中，标签报表具有很强的实用性，如邮寄物品上粘贴的邮寄地址标签等，如图 5-3 所示。

4. 图表报表

图表报表是一种以图表形式展示的报表，如图 5-4 所示。

图 5-1　表格式报表　　　　　　　　　　　　　　图 5-2　纵栏式报表

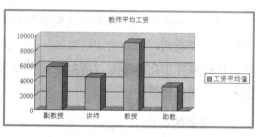

图 5-3　标签式报表　　　　　　　　　　　　　图 5-4　图表报表

5.1.2　报表的视图

Access 为报表提供了报表视图、打印预览、布局视图和设计视图四种视图，以帮助用户在不同需求情况下处理报表。

1. 报表视图

报表视图可以显示报表中的数据。在报表视图中，可以对报表进行高级筛选等操作，如图 5-5 所示。

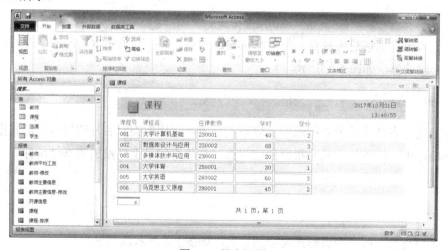

图 5-5　报表视图

2. 打印预览

打印预览可以预览报表的打印效果。在打印预览中，可以对报表进行页面设置，如纸张大小、页边距等，还可以打印报表，如图 5-6 所示。单击"打印预览"选项卡"关闭预览"组中的"关闭打印预览"按钮，即可退出打印预览。

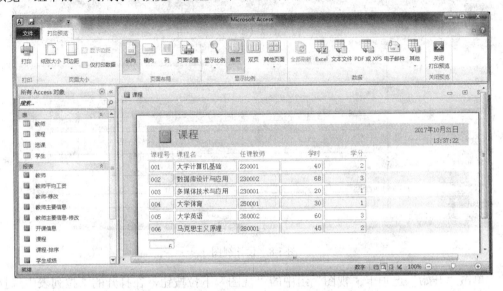

图 5-6 打印预览

3. 布局视图

布局视图与报表视图的界面几乎一样，但在布局视图中，可以移动或重新布局控件、删除不需要的控件和重新定义控件的属性，如图 5-7 所示。

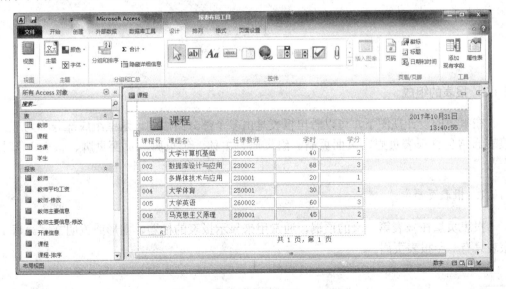

图 5-7 布局视图

4. 设计视图

设计视图用于创建和编辑报表结构，如添加控件、设置报表对象的属性和美化报表布局等，如图 5-8 所示。

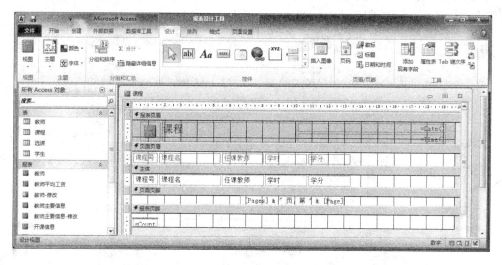

图 5-8　设计视图

单击"开始"选项卡"视图"组中的"视图"下拉按钮，在打开的下拉列表中选择不同的选项可以在各视图之间进行切换，如图 5-9 所示。

图 5-9　"视图"下拉列表

5.1.3　报表的组成

在报表的设计视图下，可以看出报表是由多个部分组成的，这些组成部分称为节。报表通常包括报表页眉、页面页眉、组页眉、主体、组页脚、页面页脚、报表页脚七个节。

1. 报表页眉

报表页眉在报表第一页的顶端，通常用来显示报表的标题、图形或说明文字。每个报表只有一个报表页眉。

2. 页面页眉

页面页眉通常用来显示报表中的字段名称或对记录分组的名称。默认打印报表的每一页都有页面页眉，第一页显示在报表页眉的下方，其他页都显示在页面的顶端。

3. 组页眉

如果为报表指定了分组，在页面页眉和页面页脚之间还可以包含分组的页眉和页脚，称为组页眉和组页脚。组页眉主要用来显示分组字段等数据信息。

4. 主体

主体是报表显示数据的主要区域，主要用来显示或打印表或查询中的数据记录。

5. 组页脚

组页脚主要用来显示分组统计数据。

6. 页面页脚

页面页脚通常用来显示页码或控制项的合计内容等。默认打印报表的每一页都会显示页面页脚，并显示在每页的底部。

7. 报表页脚

报表页脚在报表的最后一页，通常用来显示整个报表的汇总说明，显示或打印在所有数据的最后。

报表在设计视图和报表视图下的结构组成，如图 5-10 所示。

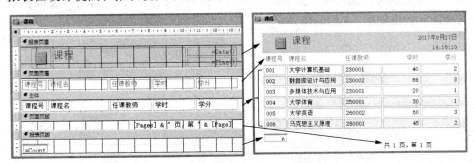

图 5-10 报表在设计视图与报表视图下的结构组成

5.2 创 建 报 表

Access 2010 提供了五种创建报表的方法，包括"报表""报表向导""标签""空报表""报表设计"。在"创建"选项卡的"报表"组中可以选择创建报表的方法，如图 5-11 所示。

图 5-11 创建报表的方法

5.2.1 使用"报表"按钮自动创建报表

"报表"按钮是利用当前选定的数据表或查询自动创建报表，所创建的报表效果与表格式报表类似。

【例 5.1】利用"报表"按钮创建如图 5-12 所示的"课程"报表。

图 5-12 报表完成效果

操作步骤如下。

（1）打开"教学管理"数据库，在导航窗格中选中"课程"表。

（2）单击"创建"选项卡"报表"组中的"报表"按钮，系统自动生成报表，并进入布局视图，效果如图 5-13 所示。

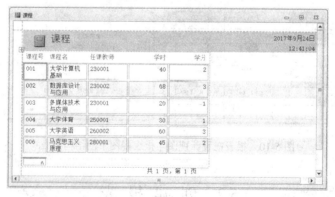

图 5-13 系统自动生成的报表

（3）单击选中"课程名"字段，将鼠标指针移到"课程名"和"任课教师"两个字段的交界处，当鼠标指针变形为"↔"形状时，按住并拖动鼠标调整"课程名"字段的宽度，使所有课程名都显示在一行。

（4）单击快速访问工具栏中的"保存"按钮，弹出"另存为"对话框，如图 5-14 所示，输入报表名称为"课程"，单击"确定"按钮。

图 5-14　报表"另存为"对话框

5.2.2　使用"报表向导"创建报表

使用"报表向导"是指借助向导的提示完成报表的创建。在"报表向导"中，可以根据需要选择字段和报表类型，还可以选择一个或多个数据表或查询中的数据，创建多数据表的报表。

【例 5.2】利用"报表向导"创建如图 5-15 所示的"教师主要信息"报表。

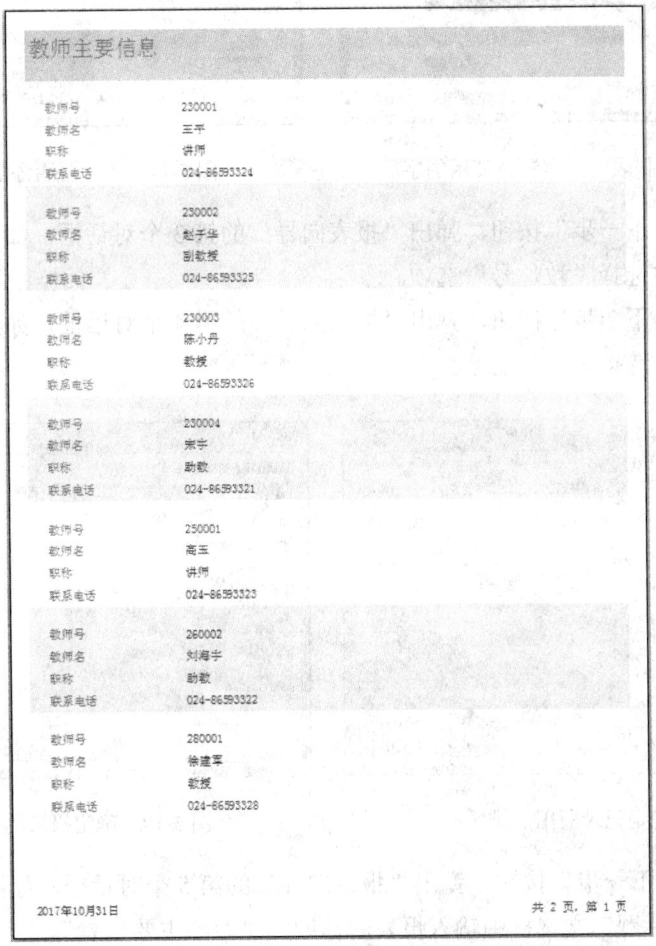

图 5-15　报表预览效果

　　操作步骤如下。

　　（1）打开"教学管理"数据库，单击"创建"选项卡"报表"组中的"报表向导"按钮，弹出"报表向导"的第 1 个对话框，如图 5-16 所示。在"表/查询"下拉列表中选择"表：教师"选项。在"可用字段"列表框中，依次双击"教师号""教师名""职称""联系电话"字段，将它们添加到"选定字段"列表框中。

　　（2）单击"下一步"按钮，弹出"报表向导"的第 2 个对话框，如图 5-17 所示。不添加分组级别。

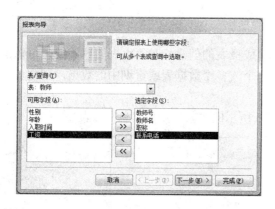

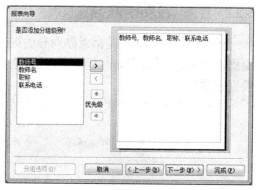

图 5-16　确定报表的数据源及使用的字段　　　　图 5-17　确定是否添加分组级别

　　（3）单击"下一步"按钮，弹出"报表向导"的第 3 个对话框，如图 5-18 所示。在"1"下拉列表中选择"教师号"选项。

　　（4）单击"下一步"按钮，弹出"报表向导"的第 4 个对话框，如图 5-19 所示。选中"纵栏表"单选按钮。

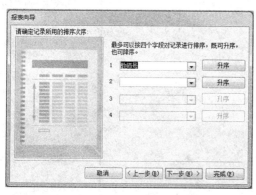
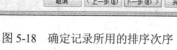

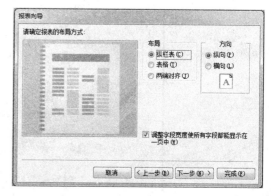

图 5-18　确定记录所用的排序次序　　　　　　图 5-19　确定报表的布局方式

　　（5）单击"下一步"按钮，弹出"报表向导"的第 5 个对话框，如图 5-20 所示。在"请为报表指定标题"文本框中输入报表的标题为"教师主要信息"。

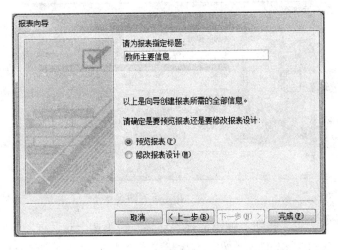

图 5-20 为报表指定标题

（6）单击"完成"按钮，完成报表的创建，并进入打印预览视图。

5.2.3 使用标签向导创建报表

标签报表是一种类似名片的信息载体，使用 Access 提供的标签向导，可以方便、灵活地制作各式各样的标签报表。

【例 5.3】利用"标签"向导创建如图 5-21 所示的"学生听课证"报表。

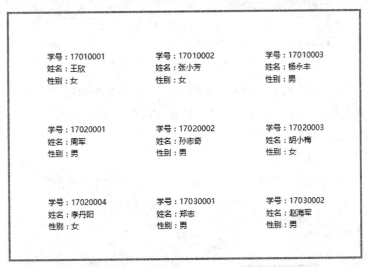

图 5-21 报表预览效果

操作步骤如下。

（1）打开"教学管理"数据库，在导航窗格中单击选中"学生"表。

（2）单击"创建"选项卡"报表"组中的"标签"按钮，弹出"标签向导"的第 1 个对话框，如图 5-22 所示。在"请指定标签尺寸"列表框中选择第 2 行选项。

图 5-22　指定标签的尺寸

（3）单击"下一步"按钮，弹出"标签向导"的第 2 个对话框，如图 5-23 所示。设置字体为"微软雅黑"，字号为"9"，字体粗细为"中等"，文本颜色为"黑色"。

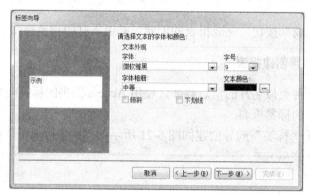

图 5-23　选择文本字体和颜色

（4）单击"下一步"按钮，弹出"标签向导"的第 3 个对话框，如图 5-24 所示。在"原型标签"列表框中输入"学号:"，在"可用字段"列表框中双击"学号"字段，将其添加到"原型标签"列表框中"学号:"的后面，按 Enter 键另起一行。使用相同的方法再依次添加"姓名"和"性别"字段。

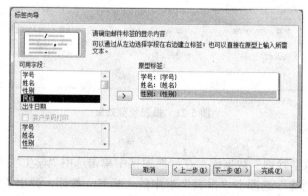

图 5-24　确定邮件标签的显示内容

（5）单击"下一步"按钮，弹出"标签向导"的第 4 个对话框，如图 5-25 所示。在"可用字段"列表框中双击"学号"字段，将其添加到"排序依据"列表框中。

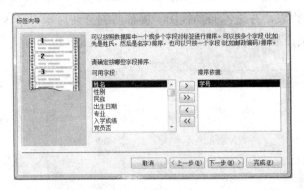

图 5-25 确定排序字段

（6）单击"下一步"按钮，弹出"标签向导"的第 5 个对话框，如图 5-26 所示。在"请指定报表的名称"文本框中输入报表的名称"学生听课证"。

图 5-26 指定报表的名称

（7）单击"完成"按钮，完成标签报表的创建，并进入打印预览视图。

5.2.4 使用"空报表"创建报表

使用"空报表"是创建一张空白报表，通过向报表中添加字段来生成报表。

【例 5.4】利用"空报表"创建如图 5-27 所示的"学生成绩"报表。

图 5-27 报表完成效果

操作步骤如下。

（1）打开"教学管理"数据库，单击"创建"选项卡"报表"组中的"空报表"按钮，新建一个空白报表，并进入布局视图，屏幕右侧自动显示"字段列表"窗格，单击"显示所有表"链接，显示当前数据库中的所有表，如图 5-28 所示。

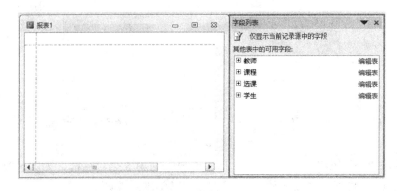

图 5-28　布局视图下的空白报表

（2）在"字段列表"窗格中，单击"选课"表前面的"+"号，双击"学号"字段；单击"学生"表前面的"+"号，双击"姓名"字段；单击"课程"表前面的"+"号，双击"课程名"字段；最后双击"选课"表下面的"成绩"字段，如图 5-29 所示。

（3）调整"课程名"字段的宽度，使所有课程名都显示在一行。

图 5-29　添加字段后的报表和"字段列表"窗格

（4）保存报表，将其命名为"学生成绩"。

5.2.5　使用"报表设计"创建报表

"报表设计"是进入报表的设计视图，通过添加各种控件来设计生成报表。

【例 5.5】利用"报表设计"创建如图 5-30 所示的"学生选课情况"报表。

图 5-30　报表预览效果（部分数据）

操作步骤如下。

（1）打开"教学管理"数据库，单击"创建"选项卡"报表"组中的"报表设计"按钮，新建一个空白报表，并进入设计视图，如图 5-31 所示。

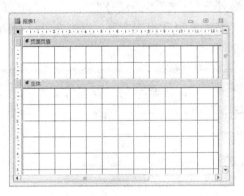

图 5-31　"设计视图"下的空白报表

（2）单击"设计"选项卡"工具"组中的"属性表"按钮，在打开的"属性表"窗格中单击"数据"选项卡，如图 5-32 所示，单击"记录源"右侧的省略号按钮，打开"查询生成器"窗口和"显示表"对话框，如图 5-33 所示。

图 5-32　"属性表"窗格

图 5-33　"查询生成器"窗口和"显示表"对话框

（3）在"显示表"对话框中，依次双击"学生""选课""课程"表，然后关闭"显示表"对话框，再依次选择"学号""姓名""课程号""课程名""学时""学分"字段，如图 5-34 所示。保存查询，关闭"查询生成器"窗口。

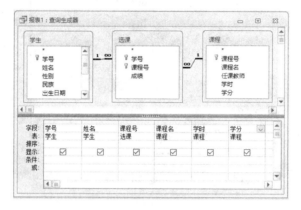

图 5-34 设计后的"查询生成器"窗口

（4）单击"设计"选项卡"工具"组中的"添加现有字段"按钮，打开"字段列表"窗格，依次双击"学号""姓名""课程号""课程名""学时""学分"字段。适当调整控件的位置、"主体"节的高度和报表宽度，报表在设计视图下的完成效果如图 5-35 所示。

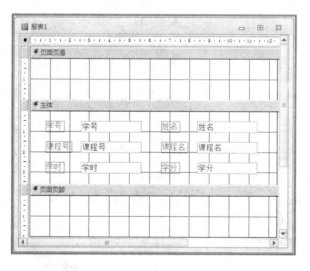

图 5-35 "设计视图"下报表完成效果

（5）保存报表，将其命名为"学生选课情况"，切换到打印预览视图。

5.2.6 创建图表报表

图表报表以图表的形式呈现数据信息，可以更直观地表示数据之间的关系。

【例 5.6】利用"图表"向导创建如图 5-36 所示的图表报表"教师平均工资"，以"三维柱形图"的形式表示"教师"表中各职称教师的平均工资。

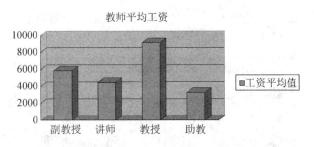

图 5-36　报表预览效果

操作步骤如下。

（1）打开"教学管理"数据库，单击"创建"选项卡"报表"组中的"报表设计"按钮，新建一个空白报表，并进入设计视图。

（2）单击"设计"选项卡"控件"组中的"图表"按钮，在"主体"节中单击，弹出"图表向导"的第 1 个对话框，如图 5-37 所示。在列表框中选择"表: 教师"选项。

图 5-37　选择用于创建图表的表或查询

（3）单击"下一步"按钮，弹出"图表向导"的第 2 个对话框，如图 5-38 所示。依次双击"可用字段"列表框中的"职称"和"工资"字段，将它们添加到"用于图表的字段"列表框中。

图 5-38　选择图表数据所在的字段

（4）单击"下一步"按钮，弹出"图表向导"的第 3 个对话框，如图 5-39 所示。在列表框中选择"三维柱形图"选项。

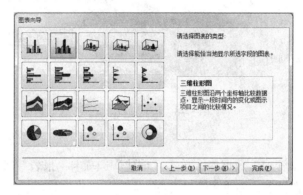

图 5-39　选择图表的类型

（5）单击"下一步"按钮，弹出"图表向导"的第 4 个对话框，如图 5-40 所示。双击"工资合计"，弹出"汇总"对话框，如图 5-41 所示，在列表框中选择"平均值"选项，单击"确定"按钮。

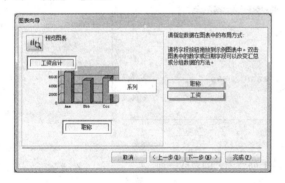

图 5-40　指定数据在图表中的布局方式　　　　图 5-41　"汇总"对话框

（6）单击"下一步"按钮，弹出"图表向导"的第 5 个对话框，如图 5-42 所示。输入图表的标题为"教师平均工资"。

（7）单击"完成"按钮，完成图表的创建。完成效果如图 5-43 所示。

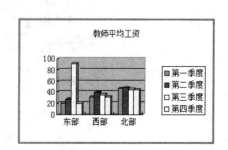

图 5-42　指定图表的标题　　　　　　　　图 5-43　图表完成效果

（8）将报表切换到布局视图，按住鼠标并拖动图表的四个边或四个角，可以调整图表的大小。

（9）将报表切换到设计视图，可以格式化图表。首先，双击图表空白处，进入图表编辑状态。然后，双击图表的各组成部分，在弹出的对话框中设置各部分的格式。最后，单击图表外的空白处，退出图表编辑状态。

（10）保存报表，将其命名为"教师平均工资"，切换到打印预览视图。

5.3 编 辑 报 表

报表创建完成后，可以在设计视图中对其进行编辑和修改，主要操作有添加背景图像、页码及日期和时间等。

5.3.1 报表与控件的属性

与窗体类似，报表及报表中的控件都具有各自的属性，这些属性决定了报表及控件的外观、包含的数据及对事件的响应。

1. 常用的"格式"属性

（1）标题：设置报表的标题栏或控件上显示的文字信息。
（2）页面页眉：设置报表页眉或报表页脚所在页面是否显示页面页眉。
（3）页面页脚：设置报表页眉或报表页脚所在页面是否显示页面页脚。

2. 常用的"数据"属性

（1）记录源：设置报表的数据来源，可以是一个表、查询或 SQL 语句。
（2）筛选：设置报表显示数据的筛选条件。
（3）排序依据：设置报表显示数据的排列次序。

5.3.2 添加背景图像

添加背景图像的操作步骤如下。
（1）打开数据库，在导航窗格中双击要打开的报表，切换到设计视图。
（2）单击"格式"选项卡"背景"组中的"背景图像"下拉按钮，在打开的下拉列表中选择"浏览"选项，弹出"插入图片"对话框，如图 5-44 所示。选择要作为背景图像的图片，单击"确定"按钮。

图 5-44　"插入图片"对话框

5.3.3　添加日期和时间

　　添加日期和时间的操作步骤如下。

　　（1）打开数据库，在导航窗格中双击要打开的报表，切换到设计视图。

　　（2）单击"设计"选项卡"页眉/页脚"组中的"日期和时间"按钮，弹出"日期和时间"对话框，如图 5-45 所示。选中"包含日期"和"包含时间"复选框并设置其显示格式，单击"确定"按钮。

图 5-45　"日期和时间"对话框

5.3.4　添加页码

　　添加页码的操作步骤如下。

　　（1）打开数据库，在导航窗格中双击要打开的报表，切换到设计视图。

　　（2）单击"设计"选项卡"页眉/页脚"组中的"页码"按钮，弹出"页码"对话框，如图 5-46 所示。设置页码的格式、位置、对齐及首页是否显示页码，单击"确定"按钮。

图 5-46　"页码"对话框

【例 5.7】修改例 5.5 中的"学生选课情况"报表，修改后报表的预览效果如图 5-47 所示。

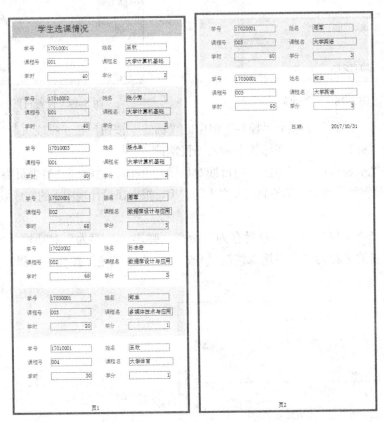

图 5-47　报表预览效果

操作步骤如下。

（1）打开"教学管理"数据库，在导航窗格中双击打开报表"学生选课情况"，切换到设计视图。

（2）单击"设计"选项卡"页眉/页脚"组中的"标题"按钮，会添加"报表页眉"和"报表页脚"节，可以在"报表页眉"节中修改报表标题。

（3）单击"设计"选项卡"页眉/页脚"组中的"页码"按钮，弹出"页码"对话框，如图 5-48 所示。设置页码"格式"为"第 N 页"，"位置"为"页面底端（页脚）"，"对齐"方式为"居中"，选中"首页显示页码"复选框，单击"确定"按钮。

（4）单击"设计"选项卡"页眉/页脚"组中的"日期和时间"按钮，弹出"日期和时间"对话框，如图 5-49 所示。选中"包含日期"复选框，设置日期格式为"2017/10/31"，取消选中"包含时间"复选框，单击"确定"按钮。

图 5-48　设置页码　　　　　　　　　　　　　图 5-49　设置日期

（5）单击"设计"选项卡"控件"组中的"标签"按钮，在"报表页脚"节中单击，会插入一个"标签"控件，在标签中输入"日期:"。

（6）将"报表页眉"节中插入的日期对象 =Date() 剪切并粘贴到"报表页脚"节。适当调整控件的位置和大小、各节的高度及报表的宽度，报表在设计视图下的完成效果如图 5-50 所示。

（7）选择"文件"→"对象另存为"命令，弹出"另存为"对话框，如图 5-51 所示。输入报表的名称为"学生选课情况-修改"，单击"确定"按钮。将报表切换到打印预览视图。

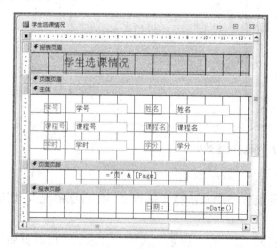

图 5-50　设计视图下报表完成效果　　　　　　图 5-51　对象的"另存为"对话框

5.3.5 设置分页

在报表中可以在某一节中使用分页符来控制打印报表时另起一页的位置。

操作步骤如下。

（1）打开数据库，在导航窗格中双击要打开的报表，切换到设计视图。

（2）单击"设计"选项卡"控件"组中的"插入分页符"按钮。

（3）将光标移动到需要插入分页符的位置，单击，插入一个"分页符"控件，Access 将分页符以短虚线的形式标记在报表的左边界上。

5.3.6 添加直线或矩形

添加直线或矩形的操作步骤如下。

（1）打开数据库，在导航窗格中双击打开报表，切换到设计视图。

（2）单击"设计"选项卡"控件"组中的"其他"按钮，展开控件列表框，如图 5-52 所示。

图 5-52 控件列表框

（3）在控件列表框中单击"直线"按钮或"矩形"按钮，将鼠标指针移到需要插入直线或矩形的位置，单击，会插入一个"直线"或"矩形"控件。

5.4 报表排序与分组

使用 Access 的"分组和排序"功能，可以将报表中具有相同特征的记录进行分组或排序。

5.4.1 记录排序

排序是指将报表中的输出数据按照指定字段或字段表达式的顺序进行排列。

【例 5.8】将例 5.1 中的"课程"报表中的记录先按照"学分"字段升序排列，再按照"学时"字段降序排列。报表完成效果如图 5-53 所示。

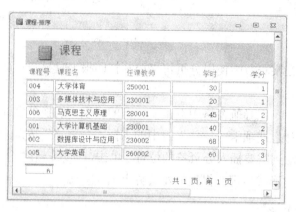

图 5-53　报表完成效果

操作步骤如下。

（1）打开"教学管理"数据库，在导航窗格中双击打开报表"课程"，切换到设计视图。

（2）单击"设计"选项卡"分组和汇总"组中的"分组和排序"按钮，在报表设计视图的下方显示"分组、排序和汇总"区域，如图 5-54 所示。

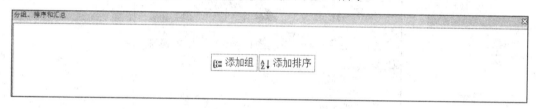

图 5-54　"分组、排序和汇总"区域

（3）单击"添加排序"按钮，打开"字段列表"窗格，如图 5-55 所示，单击"学分"字段，会在"分组、排序和汇总"区域添加排序依据"学分"。

（4）单击"添加排序"按钮，打开"字段列表"窗格，单击"学时"字段，会在"分组、排序和汇总"区域添加排序依据"学时"，并设置该字段的排序方式为"降序"，如图 5-56 所示。

图 5-55　"字段列表"窗格

图 5-56　设置字段排序方式

（5）将报表另存为"课程-排序"，切换到报表视图。

5.4.2　记录分组

分组是指将报表中的输出数据按照选定字段值是否相等而将记录划分成组，通过分组可以实现同组数据的汇总和输出。

【**例 5.9**】将例 5.4 中的"学生成绩"报表按照"课程名"字段分组。报表完成效果如图 5-57 所示。

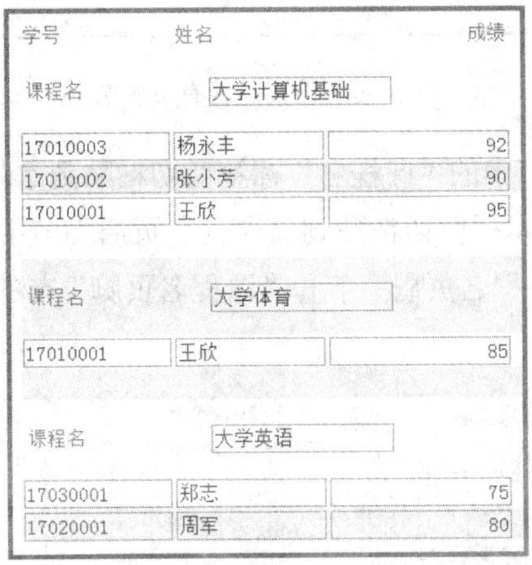

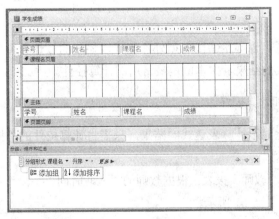

图 5-57　报表完成效果（部分数据）

操作步骤如下。

（1）打开"教学管理"数据库，在导航窗格中双击打开报表"学生成绩"，切换到设计视图。

（2）单击"设计"选项卡"分组和汇总"组中的"分组和排序"按钮，在报表设计视图的下方显示"分组、排序和汇总"区域。

（3）单击"添加组"按钮，打开"字段列表"窗格，单击"课程名"字段，会在"分组、排序和汇总"区域添加分组形式"课程名"，在报表设计视图添加"组页眉"节（课程名页眉），如图 5-58 所示。

图 5-58　添加"课程名"分组

（4）单击"更多"按钮，设置"有页脚节"，如图 5-59 所示，会在报表的设计视图中添加"组页脚"节（课程名页脚）。

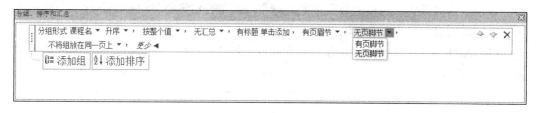

图 5-59   设置是否有页脚节

（5）将"页面页眉"节中的"课程名"标签剪切粘贴到"课程名页眉"节，再将"主体"节中的"课程名"文本框剪切粘贴到"课程名页眉"节中"课程名"标签的右侧。适当调整控件的位置、"课程名页眉"节和"课程名页脚"节的高度，报表在设计视图下的完成效果如图 5-60 所示。

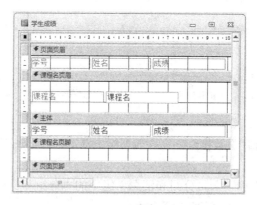

图 5-60   设计视图下报表完成效果

（6）将报表另存为"学生成绩-分组"，切换到报表视图。

5.5   使用计算控件

在报表中，除了可以显示字段数据外，还可以显示通过计算得到的数据。计算控件可以显示计算表达式的结果。文本框是最常用的计算控件。

5.5.1   在报表中添加计算控件

要在计算控件上显示计算表达式的结果，只需将计算控件的"控件来源"属性值设置为相应的计算表达式。

【例 5.10】修改"教师"报表，根据教师的"入职时间"字段计算教师的工龄，修改后报表的完成效果如图 5-61 所示。

图 5-61 报表完成效果

操作步骤如下。

（1）打开"教学管理"数据库，在导航窗格中双击打开报表"教师"，切换到设计视图。

（2）单击"设计"选项卡"控件"组中的"文本框"按钮，在"主体"节的空白位置单击，会插入一个"文本框"控件并附加一个"标签"控件。

（3）将文本框附加标签的内容修改为"工龄"，剪切粘贴到"页面页眉"节，并拖放至"工资"标签的右侧，适当调整大小。

（4）在"主体"节中，选中插入的文本框，单击"设计"选项卡"工具"组中的"属性表"按钮，在打开的"属性表"窗格中单击"数据"选项卡，设置"控件来源"属性值为"=Year(Date())-Year([入职时间])"，如图 5-62 所示。将插入的文本框拖放至"工资"文本框的右侧，并适当调整大小，报表在设计视图下的完成效果如图 5-63 所示。

图 5-62 设置"控件来源"属性

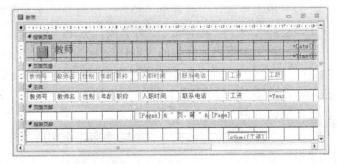

图 5-63 设计视图下报表完成效果

（5）将报表另存为"教师-修改"，切换到报表视图。

【例 5.11】修改例 5.9 中的"学生成绩-分组"报表，统计每门课程的平均成绩和所有课程的平均成绩，修改后报表的预览效果如图 5-64 所示。

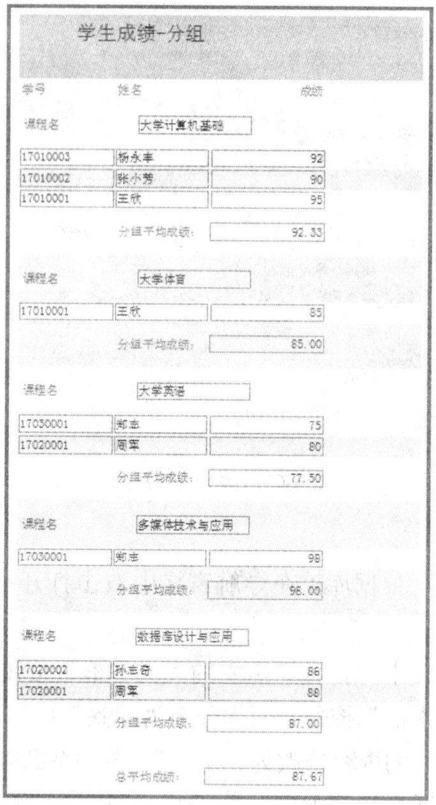

图 5-64　报表预览效果

操作步骤如下。

（1）打开"教学管理"数据库，在导航窗格中双击打开报表"学生成绩-分组"，切换到设计视图。

（2）单击"设计"选项卡"控件"组中的"文本框"按钮，在"课程名页脚"节中单击，会插入一个"文本框"控件并附加一个"标签"控件。

（3）将文本框附加标签的内容修改为"分组平均成绩："。选中插入的文本框，单击"设计"选项卡"工具"组中的"属性表"按钮，在打开的"属性表"窗格中单击"全部"选项卡，设置"控件来源"属性值为"=Avg([成绩])"，"格式"属性值为"标准"，"小数位数"属性值为"2"，如图 5-65 所示。

（4）单击"设计"选项卡"页眉/页脚"组中的"标题"按钮，会添加"报表页眉"和"报表页脚"节。

（5）单击"设计"选项卡"控件"组中的"文本框"按钮，在"报表页脚"节中单击，会插入一个"文本框"控件并附加一个"标签"控件。

（6）将文本框附加标签的内容修改为"总平均成绩："。选中插入的文本框，单击"设计"选项卡"工具"组中的"属性表"按钮，在打开的"属性表"窗格中单击"全部"选项卡，设置"控件来源"属性值为"=Avg([成绩])"，"格式"属性值为"标准"，"小数位数"属性值为"2"。

（7）适当调整控件的位置和大小、各节的高度及报表的宽度，报表在设计视图下的完成效果如图 5-66 所示。

图 5-65　设置文本框属性

图 5-66　设计视图下报表的完成效果

（8）将报表另存为"学生成绩-分组-修改"，切换到打印预览视图。

5.5.2　报表统计计算

在 Access 2010 中，利用计算控件进行统计计算并输出结果，有以下两种操作形式。

1. 在"主体"节中添加计算控件

在"主体"节中添加计算控件，一般是对报表的每条记录的指定字段值进行统计计算。例如，例 5.10 中根据教师的"入职时间"字段计算教师的工龄。

2. 在"组页眉/组页脚"或"报表页眉/报表页脚"节中添加计算控件

在"组页眉/组页脚"或"报表页眉/报表页脚"节中添加计算控件，一般是对报表的每组记录或所有记录的指定字段值进行纵向统计计算，需要使用 Access 内置的统计函数完成相应的计算。例如，例 5.11 中统计每门课程的平均成绩和所有课程的平均成绩。报表设计中，常用的统计函数及其功能如表 3-10 所示。

5.6　创建子报表

将一个报表插入到另一个报表中，从而形成报表的嵌套，被插入的报表称为子报表，包含子报表的报表称为主报表。主报表显示的是一对多关系表中"一"方的数据，子报表显示的是"多"方的数据。

创建子报表有以下两种方法。

（1）在已有报表中创建子报表。

（2）将已有子报表拖动到主报表中。

5.6.1　在已有报表中创建子报表

【例 5.12】修改例 5.2 中的"教师主要信息"报表，在其中创建子报表，显示当前教师的开课信息，修改后报表的完成效果如图 5-67 所示。

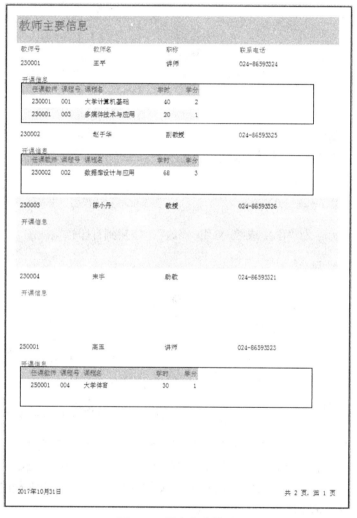

图 5-67　报表完成效果

操作步骤如下。

（1）打开"教学管理"数据库，在导航窗格中双击打开报表"教师主要信息"，切换到设计视图。

（2）在"主体"节中选中所有对象，单击"排列"选项卡"表"组中的"表格"按钮。

（3）单击"设计"选项卡"控件"组中的"其他"按钮，展开控件列表框，单击"子窗体/子报表"按钮，在"主体"节中单击，会插入一个"子窗体/子报表"控件，并弹出"子报表向导"的第 1 个对话框，如图 5-68 所示。使用默认设置。

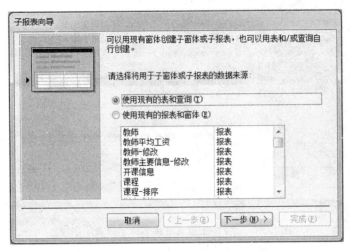

图 5-68 选择将用于子报表的数据来源

（4）单击"下一步"按钮，弹出"子报表向导"的第 2 个对话框，如图 5-69 所示。在"表/查询"下拉列表中选择"表: 课程"选项。在"可用字段"列表框中，依次双击"任课教师""课程号""课程名""学时""学分"字段，将它们添加到"选定字段"列表框中。

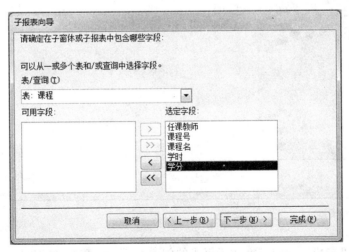

图 5-69 确定子报表中包含的字段

（5）单击"下一步"按钮，弹出"子报表向导"的第 3 个对话框，如图 5-70 所示。使用默认设置。

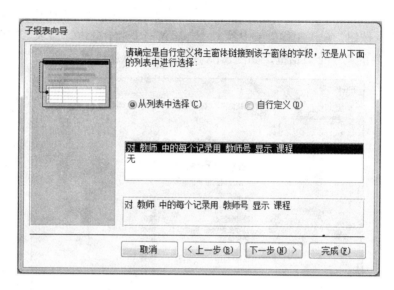

图 5-70　确定将主报表链接到该子报表的字段

（6）单击"下一步"按钮，弹出"子报表向导"的第 4 个对话框，如图 5-71 所示。输入子报表的名称为"开课信息"。

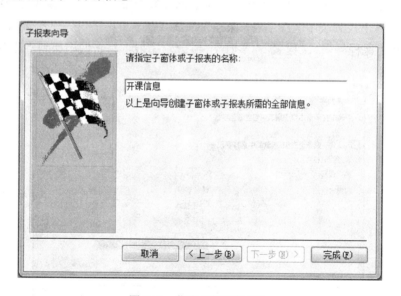

图 5-71　指定子报表的名称

（7）单击"完成"按钮，完成子报表的创建。适当调整控件的位置和大小、各节的高度及报表的宽度，报表在设计视图下的完成效果如图 5-72 所示。

（8）将报表另存为"教师主要信息-修改"，切换到打印预览视图。

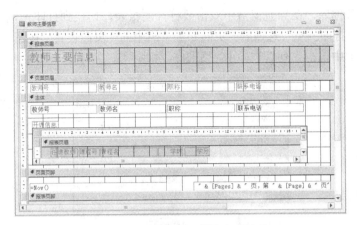

图 5-72 设计视图下报表完成效果

5.6.2 将已有子报表拖动到主报表

如果要将已有报表添加到其他报表中来创建子报表，操作方法如下。

（1）打开数据库，在导航窗格中双击打开主报表，切换到设计视图。

（2）在导航窗格中拖动子报表到主报表的"主体"节。

5.6.3 链接主报表和子报表

链接主报表和子报表，就是指定主报表和子报表的链接条件，操作方法如下。

（1）打开数据库，在导航窗格中双击要打开的主报表，切换到设计视图。

（2）在主报表的"主体"节中，单击选中"子报表"控件。

（3）单击"设计"选项卡"工具"组中的"属性表"按钮，在打开的"属性表"窗格中单击"数据"选项卡，设置"链接主字段"和"链接子字段"属性，通常为主报表和子报表的共有字段的字段名，如图 5-73 所示。

图 5-73 设置"链接主字段"和"链接子字段"属性

5.7 创建多列报表

利用"页面设置"对话框中的"列"选项卡，可以更改报表的外观，将报表设置成多列报表。操作方法如下。

（1）打开数据库，在导航窗格中双击要打开的报表，切换到打印预览视图。

（2）单击"打印预览"选项卡"页面布局"组中的"页面设置"按钮，在弹出的"页面设置"对话框中单击"列"选项卡，如图 5-74 所示。

图 5-74　"页面设置"对话框

（3）在"网格设置"区域，设置列数、行间距和列间距；在"列尺寸"区域，设置列的宽度和高度；在"列布局"区域，设置页面的布置顺序。

（4）单击"确定"按钮。在例 5.3 的"学生听课证"报表中，设置"列数"为"3"。如果设置"列布局"为"先行后列"，预览效果如图 5-75 所示。如果设置"列布局"为"先列后行"，预览效果如图 5-76 所示。

图 5-75　"先行后列"的预览效果

图 5-76　"先列后行"的预览效果

习 题

1. 报表的数据源不能是（   ）。

    A. 表　　　　　　B. 查询　　　　　　C. SQL 语句　　　　　D. 窗体

2. 若想设置在报表每一页的底部输出的信息，需要设置的是（   ）。

    A. 报表页眉　　　B. 报表页脚　　　　C. 页面页眉　　　　D. 页面页脚

3. 若想设置只在报表最后一页主体内容之后输出的信息，需要设置的是（   ）。

    A. 报表页眉　　　B. 报表页脚　　　　C. 页面页眉　　　　D. 页面页脚

4. 在设计报表时，以下可以做绑定控件显示字段数据的是（   ）。

    A. 文本框　　　　B. 标签　　　　　　C. 命令按钮　　　　D. 图像

5. 若想显示格式为"页码/总页数"的页码，应将文本框的"控件来源"属性设置为（   ）。

    A. [Page]/[pages]　　　　　　　　　B. =[Page]/[pages]

    C. [Page] & "/" & [pages]　　　　　D. =[Page] & "/" & [pages]

6. 在报表的"设计"选项卡中，用于修饰版面以达到良好输出效果的控件是（   ）。

    A. 直线和矩形　　　　　　　　　　B. 直线和圆形

    C. 直线和多边形　　　　　　　　　D. 矩形和圆形

7. 若想实现报表的分组统计，正确的操作区域是（   ）。

    A. 报表页眉或报表页脚　　　　　　B. 页面页眉或页面页脚

    C. 主体　　　　　　　　　　　　　D. 组页眉或组页脚

8. 在设计报表时，如果要统计报表中某个字段的全部数据，计算表达式应放在（   ）。

    A. 组页眉/组页脚　　　　　　　　　B. 页面页眉/页面页脚

    C. 报表页眉/报表页脚　　　　　　　D. 主体

9. 在设计报表时，要计算"数学"字段的最高分，应将控件的"控件来源"属性设置为（   ）。

    A. =Max([数学])　　B. Max(数学)　　　C. =Max[数学]　　　D. =Max(数学)

10. 报表不能完成的工作是（   ）。

    A. 分组数据　　　B. 汇总数据　　　　C. 格式化数据　　　D. 输入数据

第6章 宏

Access 作为一个数据库系统，不仅具有数据存储、数据查询和报表输出等功能，还拥有强大的程序设计能力。它提供了功能强大却容易使用的宏，通过宏可以在不编写任何代码的情况下，自动帮助用户完成一些任务。灵活地运用宏操作可以使系统功能更加强大。本章主要介绍宏的基本概念、宏的创建、宏的编辑和调试、通过事件触发宏等内容。

6.1 宏 的 概 念

在 Access 中，宏是一个重要的对象。宏可以自动完成一系列操作。使用宏非常方便，不需要记住语法，也不需要编程。通过执行宏可以完成许多烦琐的人工操作。

6.1.1 宏的基本概念

1. 宏的定义

宏是一个或多个操作的集合，其中每个操作都能实现特定的功能。用户可以将一组需要系统执行的操作按顺序排列，定义成一个宏。当运行宏的时候，系统将自动执行宏中包含的操作。所以，使用宏能使系统自动执行一系列指定的操作或完成一些重复性的工作。

例如，创建一个宏，包含打开一个消息框和打开一个报表两个操作，如图 6-1 所示。当运行该宏时，先弹出"欢迎"消息框，如图 6-2 所示，单击"确定"按钮，打开"教师"报表，如图 6-3 所示。

图 6-1　宏设计示例

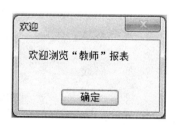

图 6-2　"欢迎"消息框

图 6-3　"教师"报表

2. 宏的类型

宏有多种分类方法。按照宏的保存方式的不同分类，可分为独立宏和嵌入宏；按照宏的功能的不同分类，可分为用户界面宏和数据宏；按照宏的结构和执行条件的不同分类，可分为操作序列宏、宏组和条件宏。

（1）独立宏：与数据表、查询、窗体或报表一样，拥有独立的宏名，并显示在导航窗格的"宏"列表下。

（2）嵌入宏：在数据表、窗体、报表或控件中使用，存储在某个对象的相关事件属性中，是所属对象的一部分，没有独立的宏名。

（3）用户界面宏：附加到窗体、报表或控件的相关事件属性中，当所属对象发生相应事件时，执行相关操作。

（4）数据宏：是 Access 2010 的新增功能，附加到数据表的相关事件属性中，通常当数据表发生更改、插入或删除数据等事件时，执行相关操作。

（5）操作序列宏：由一个或多个宏操作组成。运行宏时，按照操作的先后顺序逐个执行，直到所有操作都执行完毕。

（6）宏组：由一个或多个操作序列宏组成。宏组中的每个操作序列宏都能单独运行，互相没有影响。

（7）条件宏：宏中含有"If"程序流程。运行宏时，需要满足指定的条件，才执行相应的操作。

6.1.2　宏的设计视图

在 Access 2010 中，宏的创建和编辑都是在宏的设计视图，即"宏生成器"中完成的，如图 6-4 所示。

"设计"选项卡 　　宏操作编辑区

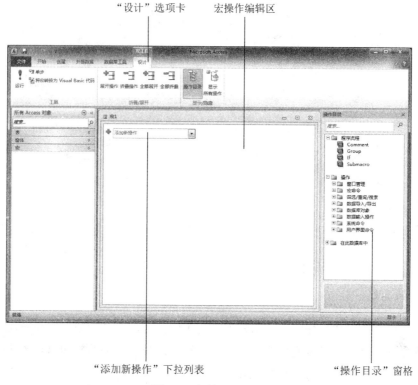

"添加新操作"下拉列表 　　"操作目录"窗格

图 6-4　宏的设计视图

宏的设计视图主要是由"操作目录"窗格、宏操作编辑区和"设计"选项卡三部分组成。

（1）"操作目录"窗格包含了创建或编辑宏时所需的程序流程和所有宏操作。添加宏操作时，可以在"操作目录"窗格中双击相应宏操作或拖动相应宏操作到编辑区。

（2）宏操作编辑区可以插入或编辑宏操作。添加宏操作时，可以从"添加新操作"下拉列表中选择相应宏操作。

（3）"设计"选项卡提供了两种宏设计的辅助工具。

打开宏的设计视图有如下两种方法。

（1）单击"创建"选项卡"宏与代码"组中的"宏"按钮。

（2）在导航窗格的"宏"列表中右击宏名，在弹出的快捷菜单中选择"设计视图"命令。

6.2　创　建　宏

在 Access 中，可以将宏看成一种简化的编程语言，用户可以打开宏的设计视图，根据宏要完成的功能，选择一系列需要执行的操作，并输入或选择相应的参数，完成宏的创建。

6.2.1　创建独立宏

如果在应用程序的很多位置重复使用宏，则可以选择创建独立宏。通过调用独立宏，可以避免在应用程序的多个位置重复执行或调用相同的代码。

【例 6.1】创建一个独立宏，用来打开"查询学生"窗体，窗体左侧距屏幕左侧 500 像素，窗体上方距屏幕上方 1000 像素。

操作步骤如下。

（1）打开"教学管理"数据库，单击"创建"选项卡"宏与代码"组中的"宏"按钮，打开宏的设计视图。

（2）在宏操作编辑区中，单击"添加新操作"右侧下拉按钮，在打开的下拉列表中选择宏操作"OpenForm"选项，用来打开窗体，如图 6-5 所示，在"窗体名称"文本框中输入"查询学生"。

（3）再次单击"添加新操作"右侧下拉按钮，在打开的下拉列表中选择"MoveAndSizeWindow"选项，用来指定窗体在屏幕上的显示位置和大小，如图 6-6 所示，在"右"文本框中输入"500"，在"向下"文本框中输入"1000"。

图 6-5　添加宏操作"OpenForm"　　　　图 6-6　添加宏操作"MoveAndSizeWindow"

（4）单击快速访问工具栏中的"保存"按钮，弹出"另存为"对话框，如图 6-7 所示，在"宏名称"文本框中输入宏名称为"学生信息查询"，单击"确定"按钮。

图 6-7　宏"另存为"对话框

通过将导航窗格中的数据库对象拖到宏的设计视图的宏操作编辑区中，可以添加打开数据库对象的宏操作。如果将导航窗格中的表、查询、窗体、报表或模块拖到宏的设计视图的宏操作编辑区中，Access 2010 会自动添加一个打开该表、查询、窗体、报表或模块的操作。如果将导航窗格中的宏拖到宏的设计视图的宏操作编辑区中，Access 2010 会自动添加一个运行该宏的操作。

运行独立宏有如下几种方法。

（1）在导航窗格的"宏"列表下，双击宏名。

（2）单击"数据库工具"选项卡"宏"组中的"运行宏"按钮，弹出"执行宏"对话框，如图 6-8 所示，输入宏名称，单击"确定"按钮。

（3）在宏的设计视图中，单击"设计"选项卡"工具"组中的"运行"按钮。

（4）使用"RunMarco"宏操作运行宏。

（5）Access 将在打开数据库时自动运行名为"AutoExec"的宏。要取消自动运行，可在打开数据库时，按住 Shift 键。

图 6-8　"执行宏"对话框

6.2.2　创建子宏

在实际的应用程序开发过程中，往往将同一个系统中使用的宏都集合在一起，保存在一个宏对象中。

【例 6.2】将例 6.1 的"学生信息查询"宏中添加的两个宏操作生成一个子宏，名称为"启动查询"。

操作步骤如下。

（1）打开"教学管理"数据库，在导航窗格的"宏"列表下，右击"学生信息查询"，在弹出的快捷菜单中选择"设计视图"命令，打开宏的设计视图。

（2）在宏操作编辑区中，先单击选中宏操作"OpenForm"，按住 Ctrl 键，再单击选中宏操作"MoveAndSizeWindow"，右击选中的宏操作，在弹出的快捷菜单中选择"生成子宏程序块"命令，如图 6-9 所示，在"子宏"文本框中输入子宏的名称为"启动查询"。

图 6-9　创建子宏"启动查询"

（3）保存宏。

【例 6.3】在"学生信息查询"宏中，创建一个子宏，并将其命名为"进入查询"，用来按"查询学生"窗体中输入的学号来查询该学生的信息。

操作步骤如下。

（1）打开"教学管理"数据库，在导航窗格的"宏"列表下，右击"学生信息查询"，在弹出的快捷菜单中选择"设计视图"命令，打开宏的设计视图。

（2）在宏操作编辑区中，单击最下面的"添加新操作"右侧下拉按钮，在弹出的下拉列表中选择宏操作"Submacro"选项，用来在宏中创建一个子宏，如图 6-10 所示，在"子宏"文本框中输入子宏的名称为"进入查询"。

（3）在子宏"进入查询"中，单击最下面的"添加新操作"右侧下拉按钮，在弹出的下拉列表中选择宏操作"ApplyFilter"选项，如图 6-11 所示，在"当条件="文本框中输入"Forms![查询学生]![输入学号]=[学生]![学号]"。用来在"学生"表中筛选出满足条件的记录，筛选条件为"学号"字段值等于"查询学生"窗体上"输入学号"文本框中输入的学号。

图 6-10　创建子宏"进入查询"

图 6-11　在子宏"进入查询"中添加宏操作"ApplyFilter"

（4）保存宏。

（5）调用子宏。子宏的调用格式为宏名.子宏名。例如，若想在如图 6-8 所示的"执行宏"对话框中运行"学生信息查询"宏中的"进入查询"子宏，则在"宏名称"下拉列表中选择"学生信息查询. 进入查询"选项。

6.2.3　创建条件宏

若想要根据条件的真假，执行不同的宏操作，则可以创建条件宏。

【例 6.4】将子宏"启动查询"改成一个条件宏，要求"登录界面"窗体中输入的用户名和密码都正确的条件下，才能打开"查询学生"窗体，否则弹出一个"注意"消息框，提示"用户名或密码错误！"。

操作步骤如下。

（1）打开"教学管理"数据库，在导航窗格的"宏"列表下，右击"学生信息查询"，在弹出的快捷菜单中选择"设计视图"命令，打开宏的设计视图。

（2）在子宏"启动查询"中，先单击选中宏操作"OpenForm"，按住 Ctrl 键，再单击选中宏操作"MoveAndSizeWindow"，右击选中的宏操作，在弹出的快捷菜单中选择"生成 If 程序块"命令，如图 6-12 所示，在"If"文本框中输入条件表达式"Forms![登录界面]![用户名]= "abc" AND Forms![登录界面]![密码]= "123""。

图 6-12　添加"If"程序块

（3）在"If"程序块中，单击"添加 Else"链接，添加"Else"程序块，如图 6-13 所示。

图 6-13　添加"Else"程序块

（4）在"Else"程序块中，单击"添加新操作"右侧下拉按钮，在弹出的下拉列表中选择宏操作"MessageBox"选项，用来显示一个消息框，如图 6-14 所示，在"消息"文本框中输入"用户名或密码错误！"，"类型"文本框中选择"警告！"，"标题"文本框中输入"注意"。

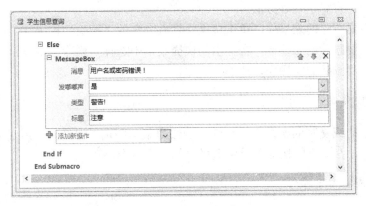

图 6-14 在"Else"程序块添加宏操作"MessageBox"

（5）保存宏。

在输入条件表达式时，可能会引用窗体、报表或控件，引用格式如下。

① 引用窗体：Forms![窗体名]。

② 引用窗体的属性：Forms![窗体名].属性名。

③ 引用窗体上的控件：Forms![窗体名]![控件名] 或 [Forms]![窗体名]![控件名]。

④ 引用窗体上的控件的属性：Forms![窗体名]![控件名].属性名。

⑤ 引用报表：Reports![报表名]。

⑥ 引用报表的属性：Reports![报表名].属性名。

⑦ 引用报表上的控件：Reports![报表名]![控件名] 或 [Reports]![报表名]![控件名]。

⑧ 引用报表上的控件的属性：Reports![报表名]![控件名].属性名。

6.3　编辑与调试宏

6.3.1　编辑宏

在宏的设计视图中，用户可以根据需要对已经建立的宏进行编辑。编辑宏的操作主要包括调整宏操作的顺序、删除宏操作、移动或复制宏操作、展开或折叠宏操作等。

1. 调整宏操作的顺序

调整宏操作的顺序有如下几种方法。

（1）选中要调整顺序的宏操作，单击该操作行右上角的"上移"按钮或"下移"按钮。

（2）右击要调整顺序的宏操作，在弹出的快捷菜单中选择"上移"或"下移"命令。

（3）将鼠标指针指向要调整顺序的宏操作的标题栏，按住并拖动鼠标指针到目标位置，释放鼠标。

2. 删除宏操作

删除宏操作有如下几种方法。

（1）选中要删除的宏操作，单击该操作行右上角的"删除"按钮。

（2）右击要删除的宏操作，在弹出的快捷菜单中选择"删除"命令。

（3）选中要删除的宏操作，按 Delete 键。

3. 移动或复制宏操作

右击要移动或复制的宏操作，在弹出的快捷菜单中选择"剪切"或"复制"命令，右击目标位置，在弹出的快捷菜单中选择"粘贴"命令。

4. 展开或折叠宏操作

展开或折叠宏操作有如下几种方法。

（1）将鼠标指针指向要展开或折叠的宏操作，单击该操作行左上角的"展开"按钮或"折叠"按钮。

（2）单击"设计"选项卡"折叠/展开"组中的"展开操作"或"折叠操作"按钮。

（3）右击一个宏操作，在弹出的快捷菜单中选择"展开操作"或"折叠操作"命令。

6.3.2 调试宏

单步执行是 Access 用来调试宏的主要工具。使用单步执行，可以观察宏的流程和每个操作的结果，从而排除导致错误或产生非预期结果的操作，以帮助用户正确设计宏。

操作步骤如下：

（1）打开宏的设计视图。

（2）单击"设计"选项卡"工具"组中的"单步"按钮，使其处于选中状态。

（3）单击"设计"选项卡"工具"组中的"运行"按钮，弹出"单步执行宏"对话框，如图 6-15 所示。

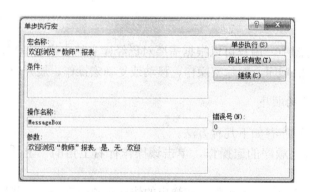

图 6-15   "单步执行宏"对话框

（4）每单击一次"单步执行"按钮，将按照宏的流程执行一个宏操作。如果正在执行的宏操作存在错误，则会弹出"操作失败"对话框，如图 6-16 所示。单击"停止所有宏"按钮，将停止宏的执行，并关闭"单步执行宏"对话框。单击"继续"按钮，将关闭"单步执行宏"对话框，并直接执行宏的流程中未被执行的宏操作。

图 6-16　"操作失败"对话框

6.4　通过事件触发宏

在实际的应用系统中，主要是通过触发窗体、报表或控件的事件来运行宏。

事件（Event）是一种预先定义好的、能被对象识别和响应的动作，由用户或系统触发。例如，用户单击某个命令按钮，就会触发该命令按钮的单击事件。如果已经给某个对象的某个事件创建了嵌入宏或绑定了独立宏，那么当该对象发生该事件时，就会运行指定的宏。

打开窗体、关闭窗体、在窗体之间移动或对窗体中的数据进行处理时，将发生与窗体相关的事件。

打开窗体时，将按照打开（Open）→加载（Load）→调整大小（Resize）→激活（Active）→成为当前（Current）顺序发生相应的事件。

如果窗体中没有活动的控件，那么在窗体的激活事件发生之后，成为当前事件发生之前，会发生窗体的获得焦点（GotFocus）事件。

关闭窗体时，将按照卸载（Unload）→停用（Deactivate）→关闭（Close）顺序发生相应的事件。

如果窗体中没有活动的控件，那么在窗体的卸载事件发生之后，停用事件发生之前，会发生窗体的失去焦点（LostFocus）事件。

【例 6.5】修改"登录界面"窗体，单击"确定"按钮，运行"学生信息查询"宏中的"启动查询"子宏。

操作步骤如下。

（1）打开"教学管理"数据库，在导航窗格的"窗体"列表下，右击"登录界面"，在弹出的快捷菜单中选择"设计视图"命令，打开窗体的设计视图。

（2）在"登录界面"窗体中，选中"确定"按钮，单击"设计"选项卡"工具"组中的"属性表"按钮，打开"属性表"窗格。

（3）在"属性表"窗格中，单击"事件"选项卡，在"单击"事件右侧的下拉列表中选择"学生信息查询.启动查询"选项。"登录界面"窗体的设计视图和属性设置，如图 6-17 所示。

图 6-17　　"登录界面"窗体的设计视图和属性设置

（4）将"登录界面"窗体切换到窗体视图，输入用户名和密码，单击"确定"按钮。如果输入正确的用户名（abc）和密码（123），则打开"查询学生"窗体，如图 6-18 所示；如果输入错误的用户名或密码，则弹出一个"注意"消息框，提示"用户名或密码错误！"，如图 6-19 所示。

图 6-18　　"查询学生"窗体

图 6-19　　"注意"消息框

（5）保存窗体。

【例 6.6】修改"查询学生"窗体，单击"查询"按钮，运行"学生信息查询"宏中的"进入查询"子宏。

操作步骤如下。

（1）打开"教学管理"数据库，在导航窗格的"窗体"列表下，右击"查询学生"，在弹出的快捷菜单中选择"设计视图"命令，打开窗体的设计视图。

（2）在"查询学生"窗体中，选中"查询"按钮，单击"设计"选项卡"工具"组中的"属性表"按钮，打开"属性表"窗格。

（3）在"属性表"窗格中，单击"事件"选项卡，在"单击"事件右侧的下拉列表中选择"学生信息查询.进入查询"选项。"查询学生"窗体的设计视图和属性设置，如图 6-20 所示。

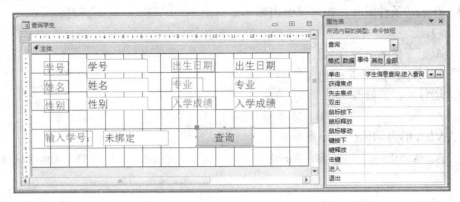

图 6-20　"查询学生"窗体的设计视图和属性设置

（4）将"查询学生"窗体切换到窗体视图，输入学号，单击"查询"按钮。在窗体中显示该学生的信息，如图 6-21 所示。

图 6-21　显示查询到的学生信息

（5）保存窗体。

习　　题

1. 创建宏时至少要定义一个宏操作，并要设置相应的（　　　　）。
 　　A. 条件　　　　　　　B. 命令按钮　　　C. 宏操作参数　　　D. 注释信息
2. OpenForm 基本操作的功能是打开（　　　　）。
 　　A. 表　　　　　　　　B. 窗体　　　　　C. 报表　　　　　　D. 查询
3. 要限制宏操作的范围，可以在创建宏时定义（　　　　）。
 　　A. 宏的操作对象　　　　　　　　　　　　B. 宏的条件表达式
 　　C. 宏的操作目标　　　　　　　　　　　　D. 窗体或报表的控件属性

4. 以下有关宏操作的叙述中，错误的是（　　）。

　A. 宏的条件表达式中不能引用窗体或报表的控件值

　B. 所有宏操作都可以转化为相应的模块代码

　C. 使用宏可以启动其他应用程序

　D. 可以利用宏组来管理相关的一系列宏

5. 在创建条件宏时，如果要引用窗体上的控件值，则以下表达式的引用中，正确的是（　　）。

　A. [窗体名]![控件名]　　　　　　　B. [窗体名].[控件名]

　C. [Form]![窗体名]![控件名]　　　　D. [Forms]![窗体名]![控件名]

6. 运行宏不能修改的是（　　）。

　A. 窗体　　　　　B. 宏本身　　　　C. 表　　　　D. 数据库

7. VBA 的自动运行宏应当命名为（　　）。

　A. AutoExec　　　B. AutoExe　　　C. autoKeys　　　D. AutoExec.bat

第7章 VBA 编程

Access VBA（Visual Basic for Applications）为用户提供了通过编程方式在 Access 中实现高级操作的方法。利用 VBA 编程可以让多个步骤的手工操作通过一步来实现，增强 Access 在数据收集、整理、分析和信息共享方面的处理能力。

虽然宏也可以实现连续处理操作，但是和 VBA 相比，在复杂条件、循环和数据对象处理等操作上，宏的能力远低于 VBA。

7.1 模　　块

模块是 Access 项目的基本构件，是将 VBA 的声明和过程作为一个单元来保存的集合。Access 中包含类模块和标准模块两种模块，前面章节涉及的窗体与报表属于类模块。

7.1.1 类模块

Access 编程过程既可以用面向对象处理方法，又可以用模块化处理方法。利用面向对象处理方法处理问题时，需要将待处理问题抽象为一个类，如窗体类、报表类、学生类和课程类等。具体实现某个类时，需要根据需求定义并实现类的属性、方法与事件。

Access 的类模块可分为系统对象类模块和用户定义类模块。系统对象类模块是 Access 系统已经定义的、可以直接使用的类模块，如窗体类和报表类等。在窗体和报表模块中，可以调用标准模块中已经定义好的过程。窗体和报表模块的作用范围仅局限于其所属的窗体或报表内部，具有局部特征，并随窗体或报表的打开而开始、关闭而结束。

用户定义类模块需要用户自行创建，步骤如下。

（1）创建"空数据库"，或打开某数据库。

（2）进入 VBA 窗口。单击"数据库工具"选项卡"宏"组中的"Visual Basic"按钮，如图 7-1 所示。

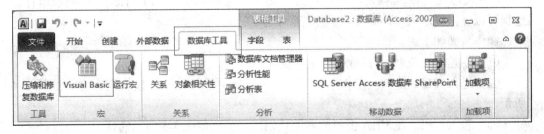

图 7-1　进入 VBA

（3）在 VBA 窗口中，选择"插入"→"类模块"命令，如图 7-2 所示。随后可按需要在代码区（图 7-3）输入类的实现代码。

图 7-2　插入类模块

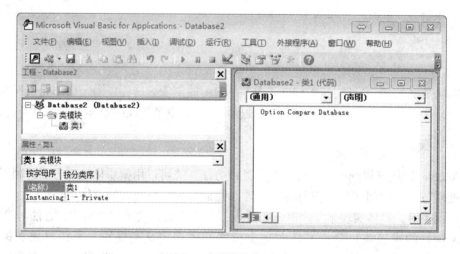

图 7-3　类模块代码区

7.1.2　标准模块

标准模块包含的是不与任何对象相关联的通用过程和变量，这些过程和变量可以在数据库中的任何位置直接调用执行和访问。

在标准模块中经常定义全局变量或公共过程，全局变量或公共过程具有全局的特性，其作用范围是整个应用程序，并随着应用程序的运行而开始、关闭而结束。

【例 7.1】创建标准模块，在模块内定义一个过程，过程名为"Hello"，要求运行该过程可以弹出提示窗口，并显示"你好"二字。

操作步骤如下。

（1）创建"空数据库"，或打开某数据库。

（2）进入 VBA 窗口。在 VBA 窗口中，选择"插入"→"模块"命令，如图 7-4 所示。

（3）输入代码。在 VBA 窗口的右侧代码区，输入如图 7-5 所示的代码。

（4）运行代码。单击工具栏中的"运行宏"按钮，或选择"运行"→"运行子过程/用户窗体"命令。如果弹出"宏"对话框，则单击"运行"按钮，如图 7-6 所示。运行结果如图 7-7 所示。

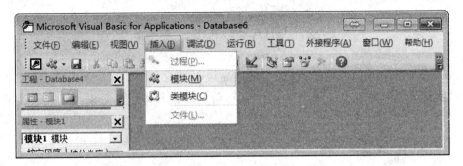

图 7-4 插入模块

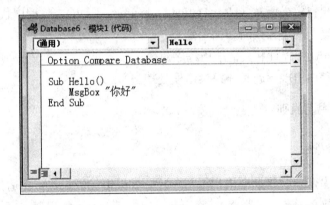

图 7-5 输入代码

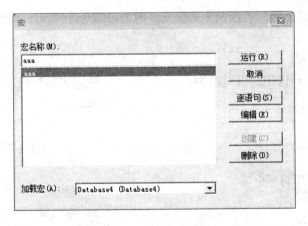

图 7-6 "宏"对话框

图 7-7 运行结果

7.1.3 将宏转换为模块

每一个宏操作都有自己对应的 VBA 代码，根据需要可以利用宏转换器（Macro Converter）将设计好的宏转换为模块。但是，宏转换器只能将每个宏操作转为相应的代码，不会转为合适的 VBA 事件过程，产生的代码效率较低。

7.2　VBA 程序设计基础

VBA 是 Microsoft 公司的 Visual Basic 高级语言的一个子集。本节将介绍 VBA 编程语言所涉及的基本概念、命令与语法，涵盖的知识具体包括数据类型、表达式和函数等。

7.2.1　使用 VBA 编程的场合

在 Access 操作中，需要用 VBA 来解决问题的场合如下。

（1）创建用户自定义函数（User-Defined Function，UDF），使程序代码更加简洁。

（2）实现更复杂的逻辑判断和循环处理。

（3）操作 ActiveX 控件和其他应用程序对象。

（4）当应用程序出现问题时，提供错误处理。

7.2.2　程序语句书写原则

1. 语句书写原则

在代码窗口中，一般将一个语句写在一行。如果语句较长，可在适当位置插入续行符"_"（续行符前必须有一个空格），将语句连写在下一行。如果要在同一行输入多条命令，可以将多条命令用冒号":"隔开。

如果输入某命令并按 Enter 键后，代码以红色文本显示，则表明该行语句存在错误。

2. 注释

可以在代码的适当位置输入注释语句，以对程序命令进行说明。注释语句默认以绿色文本显示，并有以下两种输入方式。

（1）使用 Rem 语句，其格式如下。

```
Rem  注释语句
```

该语句在其他语句之后出现要用冒号分隔。

（2）使用单引号"'"，其格式如下。

```
'注释语句
```

该语句可直接位于其他语句之后。

【例 7.2】定义变量并给出注释说明。

```
Rem 下面定义两个变量
Dim x As Integer    '定义 x 为整型变量
Dim y As String: Rem 定义 y 为字符串变量
```

7.2.3　数据类型

Access 数据表中的字段所使用的数据类型（OLE 对象、备注、附件和计算型数据类型除外）在 VBA 中都有对应的类型。

1. 标准数据类型

VBA 支持的标准数据类型如表 7-1 所示。

表 7-1　VBA 数据类型

数据类型	类型标识	类型符	说明	字段长度
字节型	Byte		0～255	1 字节
整型	Integer	%	-32768～+32767	2 字节
长整型	Long	&	-2147483648～+2147483647	4 字节
单精度型	Single	!	负数-3.402823E38～-1.401298E-45 正数 1.401298E-45～3.402823E38	4 字节
双精度型	Double	#	负数-1.79769313486232E308～-4.94065645841247E-324 正数 4.94065645841247E-324～1.79769313486232E308	8 字节
货币型	Currency	@	-922337203685477.5808～922337203685477.5807	8 字节
字符串型	String	$	0～65500 个字符	
布尔型	Boolean	—	True 或 False。布尔型向其他类型转换时，True 可转为-1，False 转为 0；其他类型向布尔型转换时，0 转为 False，其他值转为 True	2 字节
日期型	Date	—	日期必须用 "#" 括起来，如#2017/05/18#、#2017-12-3#	8 字节
变体型	Variant		变体类型是一种可变的数据类型，可以表示任何值，包括数值、字符串及日期等。变体类型也可以包含 Empty、Error、Nothing 和 Null 等特殊值。在使用时，可以用 VarType 和 TypeName 函数来决定如何处理变体类型中的数据	—

2. 用户自定义数据类型

用户定义的数据类型是由一个或多个 VBA 标准数据类型组合而成，经常用来保存记录数据。用户定义的数据类型不仅包含 VBA 的标准数据类型，还包含其他用户定义的数据类型。

1）用户自定义数据类型的定义格式

```
Type 数据类型名
    元素名1 As 数据类型
    [ 元素名2 As 数据类型 ]
End Type
```

【例 7.3】声明自定义类型 MyRecord，该类型包含三个成员变量，分别为 Name（长度为 10 的字符串，用于保存姓名信息）、RegDay（日期型，用于保存注册日期信息）和 Age（整型，用于保存年龄信息）。

```
Type MyRecord
    Name As String * 10
```

```
        RegDay As Date
        Age As Integer
    End Type
```

2）对用户自定义数据类型变量的内部成员的访问

对于自定义数据类型变量的内部元素，需要使用"变量名.元素名"的方式访问。

【例 7.4】利用例 7.3 中的自定义类型 MyRecord 定义一个 MyRecord 类型变量，并对其中各元素赋予新值（每个元素都有初始值，如 Integer 类型的元素 Age 的初始值是 0）。

```
Dim rec1 As MyRecord
rec1.Name="Tom"
rec1.RegDay=#5/8/2006#
rec1.Age=20
```

3）用户自定义数据类型变量之间的赋值

可以用赋值语句将一个自定义数据类型变量内的全部元素值传给另一个相同自定义类型变量内对应的每一个元素。

【例 7.5】利用例 7.3 中的自定义类型 MyRecord 定义两个自定义变量（a 和 b），对 a 进行元素值的初始化，并且将 a 的值传递给 b。

```
Dim a As MyRecord
Dim b As MyRecord
a.Name="Jhon"
a. RegDay=#12/2/2008#
a.Age=21
b=a    'b.Name、b. RegDay、b.Age 的新内容分别为"Jhon"、#12/2/2008#、21
```

3. 数据库对象类型

对于数据库、表、查询和报表等，在 Access 中也有对应的对象数据类型，这些对象的数据类型由引用的对象库所定义，常见的数据库对象数据类型如表 7-2 所示。

表 7-2　数据库对象数据类型

对象的数据类型	对象的数据类型标识符
数据库	Database
连接	Connection
窗体	Form
报表	Report
控件	Control
查询	QueryDef
表	TableDef
命令	Command
结果集	DAO.Recordset 或 ADO.Recordset

7.2.4　常量、变量、数据库对象变量与数组

常量是指在程序的运行过程中，其值不能被改变的值，如 20、"Jhon"、True 和 #12/2/2017#等。

变量是指程序运行时其值会发生变化的数据。每个变量都有变量名，使用变量前可以指定其数据类型（显式声明），也可以不指定其数据类型（隐式声明）。

数组是由一组具有相同数据类型的变量（即数组元素）构成的变量集合。

1. 常量

Access 支持的常量类型有符号常量（Const 语句创建）、内部常量（预定义的内部常量）和系统常量（如 True、False 和 Null 等）。

1）符号常量

若在代码中要反复使用某个相同的值，或代表一些具有特定意义的数字或字符串，可以使用符号常量。

符号常量定义格式：

```
Const 符号常量名 [As 数据类型]=符号常量值
```

【例 7.6】定义符号常量 pi（等于 3.14），并计算半径为 5 的圆的周长和面积。

```
Const pi=3.14
c=2*pi*5      '计算周长
s=pi*5*5      '计算面积
```

符号常量注意事项：在程序运行过程中，符号常量只能用于读取操作，不允许修改或为其重新赋值。不允许创建与内部常量和系统常量同名的符号常量。如果用 AS 语句定义了符号常量的数据类型，但所赋的值的数据类型与定义的数据类型不同，则系统自动将值的数据类型转换为所定义的数据类型，如果不能转换将显示错误提示。

2）内部常量

VBA 提供了一些预定义的内部符号常量，它们主要作为 DoCmd 命令语句中的参数。内部常量以两个前缀字母指明了定义该常量的对象库，如 acForm、acCmdFont 和 VbKeyDelete 等。通过对象浏览器可以查看所有可用对象库中的内部常量。

3）系统常量

系统定义的常量有 True、False、Null、Yes、No、On 和 Off。

系统常量可以在所有应用程序中直接使用。

2. 变量

变量是可以保存数据的存储空间，并具有一个唯一的变量名。当用变量名参与运算时，系统自动取出变量内存储的数据进行计算。

变量的命名规则要求变量名内只能含有字母、数字、汉字或下划线四类符号，必须

以字母开头，长度不能超过 255 个字符，变量名内的字母不区分大小写，变量名不能使用 VBA 的关键字，变量名在同一作用域内不能相同。

1）变量的隐式声明

隐式声明是指变量在使用前没有声明其数据类型，如果未对该变量赋初值，则该变量内容为空，没有数据类型；如果借助赋值语句将一个值赋予变量，变量得到该值的同时也确定了其数据类型。

【例 7.7】隐式声明变量。

```
Dim cc                        '内容为空,无类型
aa="abcd"                     '变量 aa 为字符串型
bb=2018                       '变量 bb 为整型
```

2）变量的显式声明

变量的声明要求在声明变量时，用 As 语句提供变量的类型名或类型符号。

【例 7.8】显式声明变量。

```
Dim a As Integer             'a 整型
Dim b As Boolean, m As Date  'b 布尔型,m 日期型
Dim c As String, d As Long   'c 字符串型,d 长整型
Dim e%                        'e 整型
Dim f@, g As Single, h#      'f、g 单精度型,h 双精度
```

说明：一个 Dim 在一行可以声明多个变量，中间用逗号隔开。类型说明符号前面不用写 As，必须将其放在变量名的后面。

在代码很多的程序中，隐式声明会给程序的编写与调试造成不便，所以，标准的项目中要求必须强制声明变量。为了避免使用隐式声明，可以在程序开始处使用 Option Explicit 语句来强制使用显式声明。

不同类型的变量声明后具有不同的初始值，每个类型的初始值如表 7-3 所示。

表 7-3   数据类型默认值

数据类型	初始值（默认值）
数值数据类型（整型、单精度型和双精度型等）	0
字符串型	空字符串
布尔型	False
日期型	00:00:00
变体类型	Empty
数据库对象	Nothing

3. 数据库对象变量

1）数据库对象

Access 要求按层级包含关系标识每个对象、对象的属性或对象的方法。

使用数据库对象的语法格式如下。

```
Forms!窗体名称!控件名称[.属性名称]
Reports!报表名称!控件名称[.属性名称]
```

其中，关键字 Forms 和 Reports 分别表示窗体和报表，"!"是父对象和子对象之间的分隔符。若省略属性名，则默认为控件的基本属性 Value。

对象名称中若有空格或标点符号，需用方括号把对象名称括起来。

【例 7.9】为窗体"窗体 1"内的文本框控件"Text1"的属性赋值。

```
Forms!窗体 1!Text1.Value="你好"    '设置 Text1 的 Value 属性值为"你好"
Forms!窗体 1!Text2.Height=200      '设置 Text2 的高度为 200
Forms!窗体 1!Text3="888"
              '设置 Text3 的 value 属性值为"888"，无属性名时默认为 Value 属性
```

如果是在本窗体的模块中执行代码，可以用 Me 代替"Forms！窗体名称"，或省略"Forms！窗体名称"，如 Me.Text1.Value 或 Text1.Value。

2）数据库对象变量

当需要多次引用某个数据库对象时，需要执行如下操作。

（1）声明一个 Control（控件）数据类型的对象变量。

```
Dim 控件对象名称 As Control
```

（2）用 Set 关键字建立指向此对象的对象变量。

```
Set 控件对象名称=Forms!窗体名称!控件名称
```

【例 7.10】声明对象变量，并重复使用。

```
Dim aa As TextBox        '定义对象变量 aa,数据类型为 TextBox
Set aa=Text1             '为对象变量 aa 指定控件对象,aa 后续可代表 Text1 参与计算
aa.Value="abcd"
aa.Top=100
aa.FontSize=12
Dim bb As CommandButton    '定义对象变量 bb，数据类型为 CommandButton
Set bb=Command7            'bb 可代表 Command7 参与计算
bb.Caption="ok"            '设置 Command7 的标题为"ok"
```

4. 数组

数组是名称相同、下标不同的多个变量的集合。使用数组前需要声明。

1）声明固定长度的数组

声明数组的语法格式 1：

```
Dim 数组名(下标上界) As 类型标识
```

例如，语句"Dim a(10) As…Integer"声明了一个名称为"a"的数组，该数组有 11 个元素，分别为 a(0)、a(1)、a(2)、…、a(10)，每个元素都为整型变量。

默认状态下，数组下标的下界为 0，所以上面数组 a（上界为 10）一共有 11 个元素。可以在模块的开始之处，输入"Option Base 1"，将数组下标下界默认值设置为 1。

声明数组的语法格式 2：

```
Dim 数组名(下标下界 to 下标上界) As 类型标识
```

例如，语句"Dim b(2 to 5) As String"声明了一个名称为"b"的数组，该数组有 4 个元素，分别为 b(2)、b(3)、b(4)、b(5)，每个元素都为字符串型变量。

如果声明多维数组，则下标各整数间用逗号隔开。

例如，语句"Dim a(3,3) As Integer"声明了一个二维数组，一共有 16 个元素，分别是 a(0,0)、a(0,1)、a(0,2)、a(0,3)、a(1,0)、…、a(3,3)。

2）声明动态数组

动态数组在声明时不指定组中的元素个数，即动态数组在程序运行时可以改变数组元素的个数。

建立动态数组的方法为首先声明不指定数组元素个数的数组，然后用 ReDim 语句重新设置数组元素的数量。

【例 7.11】声明动态数组。

```
Dim a() As Integer      '声明无长度数组
ReDim a(6)              '上界改为 6
ReDim a(5 to 20)       '下届改为 5，上界改为 20
```

说明：ReDim 语句只能出现在过程中，可以改变数组的大小和上下界，但不能改变数组的维数。例如，对于上面例子中的数组 a，如果执行"ReDim a(3,4)"将报错。

使用 ReDim 语句重新声明数组后，原有数组元素中的值将全部清除并取其默认值。若要保留数组中元素原有的值，则需在 ReDim 后加 Preserve 选项，其格式如下。

```
ReDim Preserve a(30)
```

若改变后的数组比原来小，则多余数据将丢失。

7.2.5　运算符与表达式

VBA 中的运算符可分为算术运算、字符串运算符、关系运算符和逻辑运算符四种类型。

1. 算术运算符

算术运算符用来执行简单的算术运算，如表 7-4 所示。

表 7-4　算术运算符

运算符	名称	优先级	说明
^	幂	1	计算乘方
*	乘	2	计算乘积
/	除	2	标准除法，结果为浮点数
\	整除	3	整数除法，结果为整数
Mod	取模	4	取余数
+	加	5	计算和
−	减	5	计算差

1）乘幂运算符

在运用乘幂运算符（^）时，只有当指数为整数值时，底数才可以为小数。例如，2^3 等于 8，(−0.5)^2 等于 0.25。

2）整数除法运算符

整数除法运算符（\）是对两个操作数做除法运算并返回一个整数。整除的操作数一般为整型。当操作数是小数时，首先被四舍五入为整型或长整型，然后进行整除运算。例如，3/2 等于 1.5（标准除法），3\2 等于 1（整数除法）。

3）取模运算符

取模运算符（Mod）是对两个操作数做除法运算并返回余数。如果操作数有小数，则系统将其四舍五入为整数后再进行运算。结果的正负号与被除数相同。例如，10 mod 4 等于 2，3 mod 8 等于 3，5 mod 2 等于 1，−5 mod −2 等于−1。

说明：算术运算符两边的操作数都应该是数值型。如果是数字字符或逻辑型，则系统自动将其转换成数值型后再进行运算。例如，"123"+100 等于 223，True+10 等于 9，#2011-10-10#−1 等于#2011-10-9#。

2. 字符串运算符

字符串运算符就是将两个字符串连接起来，生成一个新的字符串。

字符串运算符有&运算符和+运算符。

1）&运算符

&运算符用于强制连接两个字符串。由于符号&还是长整型定义符，在字符串变量使用&运算符时，变量与运算符之间必须加一个空格。

例如：

```
aa & "123"                '&作为字符串连接运算符
```

&运算符两边的操作数可以是字符串型、数值型或日期型。进行连接操作前先将数值型、日期型转换为字符串型，然后再做连接运算。

&运算符举例：

```
aa="ABC"
aa & "XYZ"                                '结果为ABCXYZ
```

```
"123" & "XYZ"                    '结果为 123XYZ
123 & 456                        '结果为 123456
```

2）+运算符

+运算符用于连接两个字符串，形成一个新的字符串。

如果两边的操作数都是数字字符串，则做字符串连接运算。如果一个是非数字字符串，另一个为数值型，则出错。

+运算符举例：

```
"123"+"456"                      '结果为 123456（连接运算）
"123" + "ABC456"                 '结果为 123ABC456（连接运算）
123 + "ABC456"                   '出错
```

3．关系运算符

关系运算符用于比较两个表达式的大小，比较的结果是一个逻辑值，即若关系成立，则为真（True），反之则为假（False）。VBA 支持的关系运算符有>、<、>=、<=、=和<>等，详细解释请参考 3.2.3 节。

关系运算符规则：如果参与比较的两个操作数都是数值型，则按它们的大小进行比较。如果参与比较的两个操作数是字符串型，则从左到右一一对应逐字符比较。汉字字符按汉语拼音比较大小，且大于西文字符，字母不区分大小写，且大于数字，即汉字字符>西文字符（大小写相同）>数字>空格。

4．逻辑运算符

逻辑运算符用于对两个逻辑（布尔）量进行逻辑运算，其结果仍然是一个逻辑值。VBA 支持的逻辑运算符有 And、Or 和 Not，详细解释请参考 3.2.3 节。

5．表达式的组成

表达式由常量、变量、运算符、函数、标识符和括号等按一定的规则组成的。表达式通过运算得出结果，运算结果的类型由操作数的数据类型和运算符共同决定。表达式的书写规则：只能使用圆括号，且必须成对出现，乘号不能省略，表达式从左至右书写，不区分大小写。不同类型的运算及运算符优先级不同，如表 7-5 所示。

例如：

```
3^(4-365\7)+1                    '结果为 1
-13 mod 5+2*10^2/5               '结果为 37
"3+4" & "=" & 3+4                '结果为 3+4=7
"123" + 456 & #2011-10-1#        '结果为 5792011-10-1
"abc">"abd" And #11-25-99#>#12-25-98#    '结果为 False
15<8+2*2 Or 2>False And "A" & "12"<"B"   '结果为 True
```

表 7-5　运算符优先级比较

优先级	高			低
高	算数运算	字符运算	关系运算	逻辑运算
	^			Not
	－（取负数）			And
	* /	& +	= > >= < <= <>	Or
	\	优先级相同	优先级相同	—
	Mod			—
低	+ －			—

7.2.6　函数

运算符的计算能力有限。在 VBA 中，可以利用函数完成更复杂的计算任务。函数有系统函数与自定义函数两类，系统函数是 VBA 提供的可以直接调用的函数，而自定义函数是用户根据自己需要定义的函数，这里只介绍系统函数。

函数的调用形式为"函数名(<参数列表>)"，其中，函数名不可缺省，而参数列表因函数不同，可有可无。被调用的函数都有一个返回值，即函数的结果。

1. 数学函数

1）向下取整函数

```
Int(<数值表达式>)
```

功能：返回参数的向下取整的值（整型或长整型），参数为负值时返回小于等于参数值的最大负数。例如，Int(3.56)等于 3，Int(-3.56)等于-4。

2）取整函数

```
Fix(<数值表达式>)
```

功能：返回参数的整数部分（整型或长整型），参数为负值时返回大于等于参数值的最小负数。例如，Fix(3.56)等于 3，Fix(-3.56)等于-3。

3）开平方函数

```
Sqr(<数值表达式>)
```

功能：返回参数的平方根（双精度型）。例如，Sqr(9)等于 3。

4）随机函数

```
Rnd(<数值表达式>)
```

功能：返回一个大于等于 0 且小于 1 的随机数（单精度型）。例如，Int(10*Rnd)等于一个[0,9]范围内的随机整数。

5）四舍五入函数

```
Round(<数值表达式 1>[,<数值表达式 2>])
```

功能：对<数值表达式 1>的值按<数值表达式 2>指定的小数位数，进行四舍五入。返回值数据类型为双精度型。

<数值表达式 2>的值表示在进行四舍五入运算时，小数点右边应该保留的位数。如果不提供数值表达式 2，则函数返回整数值；如果<数值表达式 2>的值是小数，则先将其四舍五入到整数，再对<数值表达式 1>进行四舍五入运算。函数能够接受的小数位数最多为 14 位，如果<数值表达式 2>的值为负值，系统将做出错误提示。

例如：

```
Round(123.456,1)              '结果为123.5
Round(123.456,2)              '结果为123.46
Round(123.456,0)             '结果为123
Round(123.456)               '结果为123
Round(123.456,-1)            '出错
Round(123.456,7/3)           '结果为123.46
```

2. 字符串函数

1）字符串检索函数

```
InStr([Start,] String1,String2)
```

功能：返回 String2 在 String1 中第 Start 位开始最早出现的位置（长整型）。如果不提供 start 参数，则默认为从第 1 位开始查找。

例如：

```
InStr("abcdABCD","bc")        '结果为2
InStr(1,"abcdABCD","bc")      '结果为2
InStr(4,"abcdABCD","bc")      '结果为6
```

2）字符串长度检测函数

```
Len (<字符表达式> | <变量名>)
```

功能：返回字符串所含字符数（长整型）。如果变量是字符串型，则函数返回的即为该变量所含的字符数（未赋值时返回 0）；如果变量是其他数据类型，则函数返回的即为该数据类型所占空间。

例如：

```
Len("abc"+"南京")            '结果为5
Len("123.456")              '结果为7
Len("")                     '结果为0
```

3）字符串截取函数

```
Left(<字符表达式>,<N>)
```

功能：返回从字符表达式左边截取的子字符串（字符串型）。

```
Right(<字符表达式>,<N>)
```

功能：返回从字符表达式右边截取的子字符串（字符串型）。

```
Mid(<字符表达式>,<N1>[,<N2>])
```

功能：返回从字符表达式 N1 位置开始，截取长度为 N2 的子字符串（字符串型）。如果不提供 N2，则默认取到最后。

例如：

```
Left("abcd南京",3)        '结果为abc
Left("abcd南京",5)        '结果为abcd南
Right("abcd南京",3)       '结果为d南京
Mid("abcd南京",2,4)       '结果为bcd南
Mid("abcd南京",2,3)       '结果为bcd
Mid("abcd南京",3)         '结果为cd南京
Mid("abcd南京",10,3)      '结果为""
```

4）空格字符函数

```
Space (<数值表达式>)
```

功能：返回数值表达式所指定的空格数（字符串型）。例如，Space(5)等于"□□□□□"（□表示空格）；Space(0)等于""。

5）大小写转换函数

```
Ucase(<字符串表达式>)
```

功能：将字符串中的小写字母转换成大写字母（字符串型）。

```
Lcase(<字符串表达式>)
```

功能，将字符串中的大写字母转换成小写字母（字符串型）。

例如，Ucase("abcABC")的结果为 ABCABC，Lcase("abcABC")的结果为 abcabc。

6）删除空格函数

```
LTrim(<字符表达式>)
```

功能：删除字符串首部的连续空格（字符串型）。

```
RTrim(<字符表达式>)
```

功能：删除字符串尾部的连续空格（字符串型）。

```
Trim<字符表达式>)
```

功能：删除字符串首尾的连续空格（字符串型）。

例如：

```
"X" & LTrim("□a□b□") & "Y"          '结果为 Xa□b□Y
"X" & RTrim("□a□b□") & "Y"          '结果为 X□a□bY
"X" & Trim("□a□b□") & "Y"           '结果为 Xa□bY
```

3. 日期/时间函数

1）系统日期/时间函数

Date( )的功能是返回当前系统日期（日期时间型）。

Time( )的功能是返回当前系统时间（日期时间型）。

Now( )的功能是返回当前系统日期和时间（日期时间型）。

返回的日期格式由操作系统设置的日期格式决定。

2）截取日期分量函数

Year(<日期表达式>)的功能是返回日期表达式的年份（整型）。

Month(<日期表达式>)的功能是返回日期表达式的月份（整型）。

Day(<日期表达式>)的功能是返回日期表达式的日期（整型）。

3）截取时间分量函数

Hour(<时间表达式>)的功能是返回时间表达式的小时数（整型）。

Minute(<时间表达式>)的功能是返回时间表达式的分钟数（整型）。

Second(<时间表达式>)的功能是返回时间表达式的秒数（整型）。

4. 类型转换函数

1）字符转 ASCII 码函数

```
Asc(<字符串达式>)
```

功能：返回字符表达式中第 1 个字符的 ASCII 码值（整型）。例如，Asc("a")等于 97，Asc("BBC")等于 66。

2）ASCII 码转字符函数

```
Chr(<字符代码>)
```

功能：返回与字符代码相对应的字符（字符串型）。例如，Chr(97)等于 a，Chr(13)等于回车符。

3）数字转换字符串函数

```
Str(<数值表达式>)
```

功能：将数值表达式的值转换为字符串（字符串型）。如果数值表达式为正数，转换后的字符串前要多一个空格。

例如：

```
"abc"+Str(123)           '结果为 abc□123
"abc"+Str(-123)          '结果为 abc-123
```

4）字符串转换成数字函数

```
Val(<字符串表达式>)
```

功能：将由数字组成的字符串转换为数值型。数字字符串转换时可自动将字符串中的空格、制表符和换行符删除。转换时当遇到系统不能识别为数字的第一个字符时，停止字符串的转换。

例如：

```
Val("123")+100            '结果为 223
Val("-12 34")-1000        '结果为-2234
Val("12 3.4")             '结果为 123.4
Val("12ab34")             '结果为 12
Val("ab34")               '结果为 0
Val("2E3")                '结果为 2000
```

5．其他函数

1）输入框（InputBox）函数

```
InputBox(提示信息[,标题] [,默认值])
```

功能：在对话框中显示提示信息，等待用户输入正文并单击按钮，然后返回用户在文本框中输入的字符串。

说明："提示信息"用来设置对话框显示的提示信息，最大长度为 1024 个字符。"标题"用来设置对话框的标题，默认状态下标题与应用程序名相同。"默认值"用来设置文本框显示的默认值。

【例 7.12】显示输入对话框，提示信息为"请输入学号："，标题为"登录"，默认学号为"0000"。输入内容保存在变量 x 中。

x=InputBox("请输入学号：","登录","0000")

运行结果，如图 7-8 所示。

图 7-8　输入学号消息框

2）消息框（MsgBox）函数

```
MsgBox(提示信息[,按钮与图标类型] [,标题])
```

功能：在对话框中显示信息，等待用户单击按钮，并返回一个整型数据，表示用户单击的是哪个按钮。

说明："提示信息"用来设置对话框显示的提示信息，最大长度为 1024 个字符。"按钮与图标类型"默认值为 0，是几个数值表达式的和，指定在消息框中显示的按钮数目及形式、使用的图标样式、默认按钮及消息框的强制回应等。"按钮与图标类型"的取值意义如表 7-6 和 7-7 所示。"标题"用来设置对话框的标题，默认状态下标题与应用程序名相同。函数的返回值由单击的按钮决定，返回值与所单击按钮对应关系如表 7-8 所示。

表7-6　显示按钮的 Buttons 取值说明

系统符号常量	代表数值	说明
vbOKOnly	0	只有确定按钮
vbOKCancel	1	确定和取消
vbAboutRetryIgnore	2	终止、重试与忽略
vbYesNoCancel	3	是、否与取消
vbYesNo	4	是、否
vbRetryCancel	5	重试与取消

表7-7　显示图标的 Buttons 取值说明

常量	数值	说明
vbCritical	16	显示 ❌
vbQuestion	32	显示 ❓
vbExclamation	48	显示 ⚠️
vbInformation	64	显示 ℹ️

表7-8　单击按钮后返回值的说明

返回值	单击的按钮	返回值	单击的按钮
1	确定	5	忽略
2	取消	6	是
3	终止	7	否
4	重试		

【例 7.13】显示消息框，提示信息为"欢迎光临"，不保存返回值。

```
MsgBox "欢迎光临"        '当不需要保存返回值时，可以使用不带括号的语句形式
```

运行结果如图 7-9 所示。

【例 7.14】显示消息框，提示信息为"是否退出"，标题为"提示"，图标为 ❓。输入内容保存在变量 y 中。

```
y=MsgBox("是否退出",vbYesNo+vbQuestion,"提示")
```

运行结果如图 7-10 所示。如果单击"是"按钮，y 将得到返回值 6。

图 7-9　消息框（确定）　　　　　　　　　图 7-10　消息框（是否）

7.3　VBA 流程控制语句

VBA 中的语句是能够完成某项操作的一条完整命令，可以包含关键字、函数、运算符、变量、常量及表达式等。VBA 包含声明语句、赋值语句和执行语句三类语句。

7.3.1　声明语句

在 VBA 中，使用声明语句定义过程、变量、数组及符号常量。当声明一个过程、变量或常量时，也同时定义了它的作用范围，其作用范围取决于定义的位置，以及声明时提供的范围关键字。

7.3.2　赋值语句

赋值语句用于将一个表达式的值赋给一个变量，其格式如下。

    [Let] 变量名=值或表达式

通常情况下省略 Let。赋值语句中的"="并不是数学中的等号，它表示将右边的表达式的运算结果赋予变量。

例如，Let x = 5，y = 10，z = "hello"。

7.3.3　执行语句

执行语句是程序的主体，程序中的代码执行流程需要靠执行语句来实现。执行语句包含顺序结构、条件判断结构和循环结构三种结构。

1. 顺序结构

顺序结构要求从头到尾依次执行每条语句，每条语句执行一次。

【例 7.15】输入三角形的底和高，计算三角形的面积，并用消息框显示面积。

```
a=InputBox("请输入底")
b=InputBox("请输入高")
s=a*b/2
MsgBox "三角形面积为" & s
```

运行效果如图 7-11～图 7-13 所示。

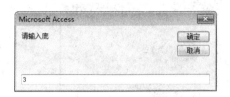

图 7-11　输入底　　　　　　　　图 7-12　输入高　　　　　　图 7-13　结果

2. 条件判断结构

在 VBA 代码中使用条件判断结构，可根据条件表达式的值来选择执行哪些代码，或不执行哪些代码。条件判断结构包含单分支、双分支和多分支三种形式。

1）单分支结构

格式 1：`If <条件表达式> Then <语句>`

功能：当条件表达式为真时，执行 Then 后面的语句，否则不做任何操作。

说明：Then 后的语句只能是一条，或者是多条语句用冒号分隔，且必须与 If 语句在同一行上。

格式 2：
```
If <条件表达式> Then
     <语句块>
End If
```

功能：当条件表达式为真时，执行 Then 后面的语句，否则不做任何操作。

说明：语句块中的语句可以是多条，且可以多行书写。单分支结构语句执行流程如图 7-14 所示。

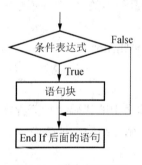

图 7-14　单分支流程图

【**例 7.16**】输入单价和数量，如果单价和数量都大于 0，则计算并显示消费金额。

```
x=InputBox("输入单价")
y=InputBox("输入数量")
If x>0 And y>0 Then
    je=x*y
    MsgBox "消费金额为" & je
End If
```

2）双分支结构语句

```
If <条件表达式> Then
      <语句块 1>
   Else
      <语句块 2>
   End If
```

功能：当条件表达式为真时，执行 Then 后面的语句块 1，否则执行 Else 后面的语句块 2。双分支结构语句执行流程，如图 7-15 所示。

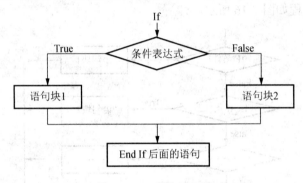

图 7-15　双分支流程图

【例 7.17】优化例 7.16，当发现输入数值不大于 0 时，给予错误提示信息。

```
x=InputBox("输入单价")
y=InputBox("输入数量")
If x>0 And y>0 Then
    je=x*y
    MsgBox "消费金额为" & je
Else
    MsgBox "输入非法数据"
End If
```

【例 7.18】输入一个整数，编程判断该数是奇数还是偶数。

```
Dim i As Integer
i=InputBox("请输入一个整数：")
If i/2=i\2 Then
    Debug.Print i&"是偶数。"
Else
    Debug.Print i&"是奇数。"
End If
```

3）多分支结构

格式 1：
```
If <条件表达式 1> Then
        <语句块 1>
    ElseIf <条件表达式 2> Then
```

```
        <语句块 2>
              ……
    [ Else
          <语句块 n>]
    End If
```

功能：依次测试条件表达式 1、表达式 2……，当遇到条件表达式为真时，执行该条件下的语句块（执行完该语句块后，不再判断其他分支，而是直接跳到 End If 后继续执行）。当均不为真时，若有 Else 选项，则执行 Else 后的缺省语句块，否则执行 End If 后面的语句。程序流程如图 7-16 所示。

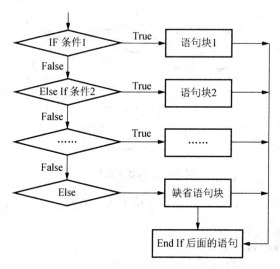

图 7-16　多分支（If）流程图

【例 7.19】利用多分支结构，实现分段函数：

$$Y = \begin{cases} 1 & X > 0 \\ 0 & X = 0 \\ -1 & X < 0 \end{cases}$$

```
Dim X As Single, Y As Single
X=InputBox("请输入一个数值: ")
If X>0 Then
     Y=1
ElseIf X=0 Then
     Y=0
Else
     Y=-1
End If
Msgbox "Y 的值为"& Y
```

【例 7.20】某幼儿园只收 2～6 岁的小孩，2 岁入小班，3～4 岁入中班，5～6 岁入大班。请输入小孩岁数，判断应该入哪类班。

```
Dim age As Integer
age=InputBox("请输入年龄：" )
If age=2  Then
    Msgbox "小班"
ElseIf age >= 3 And age <= 4 Then
    Msgbox "中班"
ElseIf age >= 5 And age <= 6 Then
    Msgbox "大班"
Else
    Msgbox "幼儿园不收"
End If
```

格式 2：
```
Select Case <变量或表达式>
        Case <表达式 1>
            <语句块 1>
        Case <表达式 2>
            <语句块 2>
            ……
        [ Case Else
            <语句块 n> ]
    End Select
```

功能：首先计算 Select Case 后<变量或表达式>的值，然后将该值依次与 Case 子句中表达式的值作比较，如果满足某个 Case 的值，则执行相应的语句块（执行完该语句块后，不再判断其他分支，而是直接跳到 End Select 后继续执行）。当所有 Case 语句都不满足时，执行 Case Else 后的默认语句块。若无 Case Else 选项，则无任何操作。程序流程如图 7-17 所示。

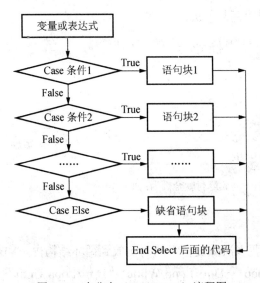

图 7-17   多分支（Select Case）流程图

表达式通常有如下几种形式。

（1）单值表达式：当<变量或表达式>等于该表达式的值，则符合该分支条件。例如：

```
Case 2
Case Int(2.5)+8
```

（2）To 范围：由"下界 To 上界"语句定义的闭区间[下界,上界]。如果<变量或表达式>在该区间内，则符合该分支条件。

例如：

```
Case 2 to 5
Case -1 to 10
```

（3）Is 范围：用 Is 代表<变量或表达式>的值建立关系表达式，如果该表达式为真，则符合该分支条件。

例如：

```
Case Is>9
Case Is="Yes"
```

（4）或者语句：用逗号分开的多个表达式，只要其中任意一个条件为真，则符合该分支条件。

例如：

```
Case 3,8,Is>10      '如果<变量或表达式>等于 3 或 8 或大于 10，则符合条件
```

【例 7.21】根据购物情况计算出实付金额。

（1）购 300 元以上商品 9 折。

（2）购 600 元以上商品 8.5 折。

（3）购 1000 元以上商品 8 折。

```
je=InputBox("请输入购物金额：")
Select Case je
   Case Is>=1000
       je=je*0.8
   Case Is>=600
       je=je * 0.85
   Case Is>=300
       je=je*0.9
End Select
Debug.Print "实际付款金额为："& je
```

3. 循环结构

VBA 中可以将需要多次重复执行的语句放到循环结构内。VBA 包含"Do While…Loop""Do Until…Loop""Do…Loop While""Do…Loop Until"和"For…"几种循环结构。

1）Do While…Loop

```
Do While <条件表达式>
    语句块
Loop
```

功能：首先判断<条件表达式>的值。当条件表达式的值为 True 时，则进入循环内从"语句块"开始执行；条件表达式的值为 False 时退出循环，继续执行 Loop 后面的语句。当程序执行到 Loop 语句，则重新返回到循环的开始语句，再次判断条件表达式的值，以决定是否进入下一次循环。

程序流程如图 7-18 所示。

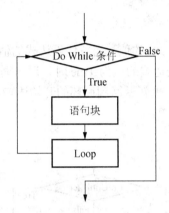

图 7-18　循环（Do While）流程图

说明：该循环结构先判断后执行。循环体内应该有改变循环条件为 False 的语句，否则将进入"死循环"。

【例 7.22】计算 10 以内的整数之和。

```
i=1
s=0
Do While i<=10
    s=s+i
    i=i+1
Loop
MsgBox "10 以内整数之和为："&s
```

【例 7.23】计算 20 以内的奇数之和。

```
i=1
s=0
Do While i<=20
    s=s+i
    i=i+2
Loop
MsgBox "20 以内奇数之和为："&s
```

【例 7.24】 计算 100 的阶乘。

```
Dim i As Integer, p As Double
i=1:p=1
Do While i<=100
    p=p*i
    i=i+1
Loop
MsgBox "100 的阶乘为："&p
```

2）Do Until…Loop

```
Do Until <条件表达式>
      <语句块>
  Loop
```

功能：首先判断<条件表达式>的值。当条件表达式的值为 False 时，进入循环内，从"语句块"开始执行；当条件表达式的值为 True 时，退出循环，继续执行 Loop 后面的语句。当程序执行到 Loop 语句，重新返回到循环的开始语句，再次判断条件表达式的值，以决定是否进入下一次循环。

程序流程如图 7-19 所示。

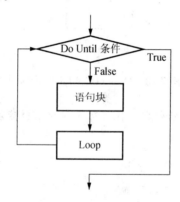

图 7-19 循环（Do Until）流程图

说明：该循环结构先判断后执行。循环体内应该有改变循环条件为 True 的语句，否则将进入"死循环"。

【例 7.25】 计算 100 以内的偶数之和。

```
i=1
s=0
Do Until i>100
    If i mod 2=0 Then
        s=s+i
    End If
        i=i+1
Loop
MsgBox "100 之内偶数之和为："&s
```

【例 7.26】累计所输入数的总和，直到输入字母 "q"，停止累计。

```
s=0
x=InputBox("请输入一个数")
Do Until x="q"
    s=s+Val(x)
    x=InputBox("请输入一个数")
Loop
MsgBox "累计: "&s
```

3）Do…Loop While

```
Do
     <语句块>
  Loop While <条件表达式>
```

功能：首先执行循环体内语句。当程序执行到 Loop While 语句时测试条件表达式的值。如果条件表达式的值为 True，就返回到 Do 语句，再次执行循环体内的语句；若条件表达式的值为 False，则退出循环。

程序流程如图 7-20 所示。

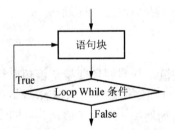

图 7-20　循环（Loop While）流程图

说明：该循环结构先执行后判断。最少执行一次循环体内的语句。循环体内应该有改变循环条件为 False 的语句，否则将进入"死循环"。

【例 7.27】计算 100 以内 5 的倍数之和。

```
i=1:s=0
Do
    If i Mod 5=0 Then
        s=s+i
    End If
    i=i+1
Loop While i<=100
MsgBox "100 以内 5 的倍数之和为: "&s
```

4）Do…Loop Until

```
Do
     <语句块>
  Loop Until <条件表达式>
```

功能：首先执行循环体内语句。当程序执行 Loop Until 语句时，测试条件表达式的值。如果条件表达式的值为 False，就返回到 Do 语句，再次执行循环体内的语句；若条件表达式的值为 True，则退出循环。

程序流程如图 7-21 所示。

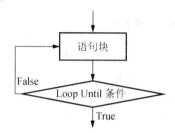

图 7-21　循环（Loop Until）流程图

说明： 该循环结构先执行后判断。最少执行一次循环体内的语句。循环体内应该有改变循环条件为 True 的语句，否则将进入"死循环"。

5）For 循环

```
For 循环变量=初值 To 终值 [step 步长值]
    语句块 1
Next 循环变量
```

功能：将初值赋给循环变量，判断循环变量是否超出终值。如果循环变量没有超出终值，则执行循环内语句块，否则终止循环，执行 Next 后的命令。每次循环结束后（即遇到 Next 语句），循环变量自动增加一个步长值，并返回 For 循环头部继续比较循环变量和终值，以决定是否进入下一次循环。

程序流程如图 7-22 所示。

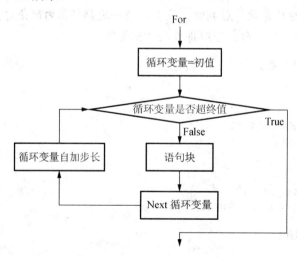

图 7-22　循环（For）流程图

说明：步长默认值为 1。步长可以是任意的正数或负值。当步长为正数时，初值应小于等于终值；步长为负数时，初值应大于等于终值。步长不能为 0，否则将造成"死循环"或循环一次都不执行。每执行一次循环，循环变量的值自动增加一个步长值。

【例 7.28】计算 100 以内 3 的倍数之和。

```
Dim i As Integer, s As Long
s=0
For i=3 To 100 Step 3
    s=s+i
Next i
Debug.Print " 100 以 3 的倍数之和="&s
```

【例 7.29】计算 100 以内非 5 且非 7 倍数之和。

```
s=0
For i=1 To 100
    If Int(i/5) <> i/5 And Int(i/7) <> i/7 Then
        s=s+i
    End If
Next i
Debug.Print s
```

【例 7.30】统计字符串"I am a boy,i like playing football."中字母"i"的个数。

```
s=0
x="I am a boy,i like playing football."
For i=1 To Len(x)
    c=Mid(x, i, 1)
    If c="i" Then
        s=s+1
    End If
Next i
MsgBox "字母 i 出现了" & s & "次"
```

【例 7.31】查找数组 a 中的最大值。

```
Dim a(5) As Integer
a(0)=72: a(1)=21: a(2)=36: a(3)=10: a(4)=27: a(5)=11
max=a(0)
For i=1 To 5
    If a(i)>max Then
        max=a(i)
    End If
Next i
MsgBox "数组中最大值为"&max
```

6）Exit Do 与 Exit For 语句

前面五个循环结构结束循环的位置不是在循环开始就是在循环末尾之处。如果需要从循环内部直接跳出循环,则需要在循环内部执行 Exit Do(适用于 Do 类循环)或 Exit For (适用于 For 循环)语句。

【例7.32】运行如下程序,验证 Exit Do 的作用。

```
i=1
Do While i<10
    If i=5 Then
        Exit Do
    End If
    i=i+1
Loop
MsgBox i
```

说明:在上面程序中,每执行一次循环体(Do While 与 Loop 之间的语句块),i 的值自加 1。于是 i 的值分别变为 2、3、4 和 5。当 i=5 时,因为 If 后的条件为真,从而执行分支里的 Exit Do 语句。执行 Exit Do 语句,使得程序结束循环,跳到 Loop 后面继续运行。所以,最后执行 "Msgbox i" 语句,显示结果为 5。

7.4 自定义过程与函数

在 VBA 中,如果遇到经常需要执行的代码块,且该代码块能完成单一功能,则可以将代码块放入自定义的过程或函数中。当需要运行该代码块时,只需要调用代码所在的过程或函数即可。

7.4.1 自定义过程及其调用

定义格式:

```
Sub 过程名([<形参>])
    代码块
End Sub
```

调用格式:

```
Call 过程名([<实参>])
```

或

```
过程名[<实参>]
```

【例7.33】定义可以分别显示当天年、月和日的过程。

```
Sub ymd1()
    MsgBox "年: " & Year(Date)
    MsgBox "月: " & Month(Date)
    MsgBox "日: " & Day(Date)
End Sub
```

【例 7.34】 定义可以根据输入的要求，显示当天年、月或日的过程。

```
Sub ymd2(x As String)
    Select Case x
        Case "年"
            MsgBox "年: " & Year(Date)
        Case "月"
            MsgBox "月: " & Month(Date)
        Case "日"
            MsgBox "日: " & Day(Date)
    End Select
End Sub
```

【例 7.35】 假设当天系统日期为"2015-8-23"调用例 7.33 中的过程 ymd1 和例 7.34 中的过程 ymd2。

```
Call ymd1         '弹出 3 个消息框，分别显示年、月和日的信息
ymd1              '同上
call ymd2("年")   '弹出 1 个消息框，显示年信息
ymd2("日")        '弹出 1 个消息框，显示日信息
```

说明：过程 ymd1 的定义中没有形参，所以调用 ymd1 后面不用加小括号；过程 ymd2 的定义中有 1 个字符串型的形参，所以要求调用 ymd2 时，必须在过程后用小括号将实参括起来。当执行到过程 ymd2 时，VBA 系统会自动将实参传递给形参，例如，"年"字传给 ymd2 中的 x。

7.4.2　自定义函数及其调用

定义格式：

```
Function 函数名([<形参>])[As<数据类型>]
    代码块
End Function
```

调用格式：

```
函数名([<实参>])
```

【例 7.36】 假设梯形的上底、下底和高分别为 20、30 和 16。定义可以求梯形面积的函数。

```
Function txmj1()
    a=20
    b=30
    h=16
    s=(a+b)*h/2
```

```
        txmj1=s
    End Function
```

【例 7.37】定义可以求梯形面积的函数，上底、下底和高由参数提供。

```
    Function txmj2(a As Integer, b As Integer, h As Integer)
        s=(a+b)*h/2
        txmj2=s
    End Function
```

【例 7.38】分别调用例 7.36 与例 7.37 中的函数。

```
    x=txmj1()             'x 得到以 20、30 和 16 为上底、下底和高的面积
    y=txmj2(5,6,8)        'y 得到以 5、6 和 8 为上底、下底和高的面积
    z=txmj2(100,200,50)   'z 得到以 100、200 和 20 为上底、下底和高的面积
```

说明：txmj1 函数没有形参，只能计算以 20、30 和 16 为上底、下底和高的梯形面积；txmj2 函数的形参 a、b 和 h 可以接收变化的上底、下底和高的值，所以具有形参的函数才具有实用价值。

7.4.3　按值与按地址传参

参数传递有按值传递与按地址传递两种模式，默认为按地址传递。
按值传递格式：

```
    [Sub][Function]过程名或函数名(ByVal 形参 As 类型)
```

按地址传递格式：

```
    [Sub][Function]过程名或函数名(ByRef 形参 As 类型)
```

两种参数传递格式唯一的不同之处在于形参前的关键字，一个是 ByValue 关键字（按值），一个是 ByRef 关键字（按地址）。

调用过程（或函数）时两种传参方式的不同点为调用按值传递的过程（或函数）时，实参传给形参，当从过程（或函数）执行完毕且返回调用语句时，形参不传回给实参。而调用按地址传递的过程（或函数），返回调用语句时，形参要传回给实参。

【例 7.39】比较按值传递与按地址传递的区别。

```
    Dim m  As Integer
    m=5
    Call aaa(m)
    MsgBox m                      '显示 5
    Call bbb(m)
    MsgBox m                      '显示 7
    Sub aaa(ByVal x As Integer)   '按值传递
        x=x+1
    End Sub
```

```
Sub bbb(ByRef y As Integer)        '按地址传递
    y=y+2
End Sub
```

说明：调用过程 aaa 时，程序进入过程 aaa 执行，同时将 m 传给 x，x 自加 1，x 等于 6。程序从过程 aaa 返回 "call aaa(m)"，此时因为过程 aaa 的参数按值传递，x 的值不传回给 m，m 的值不变。

调用过程 bbb 时，程序进入过程 bbb 执行同时将 m 传给 y，y 自加 2，y 等于 7。程序从过程 bbb 返回 "call bbb(m)"，此时因为过程 bbb 的参数按地址传递，y 的值传回给 m，所以 m 变为 7。

7.5　面向对象程序设计

在 VBA 中，可以利用面向对象程序设计方法开发应用。面向对象程序设计主要涉及对象、类、集合、属性、方法和事件等概念。

7.5.1　对象与类

一个对象就是某个类的一个实例。例如，《基督山伯爵》是小说类的一个实例，张三是人类的一个实例等。在 Access 中，所创建的数据表、查询、窗体、报表、宏和模块等对象，都是由对应的类生成的。

7.5.2　属性、方法与事件

每个对象（或类）都具有属性、方法和事件三种信息。

1. 属性

属性是对象的静态信息。例如，一本书的作者、出版时间和总字数等静态信息是其属性。每个属性都有属性值，例如，总字数为 950245，表示"字数"属性的属性值为 950245。在 Access 中，数据表、查询、窗体和控件等对象也都具有各种属性。例如，文本框、列表框、组合框等控件对象都具有名称（Name）、当前值（Value）、高度（Height）、字号（FontSize）和字体名称（FontName）等属性。

对控件属性查看和修改操作，可以在属性窗口中进行，具体方法参见第 4 章。在 VBA 的代码中，需要使用固定格式的语句对控件属性进行引用或修改。

引用属性的命令格式：

　　对象.属性名

修改属性的命令格式：

　　对象.属性名=属性值

例如：

```
Me.Caption              '当前窗体的标题
Me.Caption="欢迎光临"     '当前窗体的标题修改为"欢迎光临"
Me.Text1.Value="800"    '当前窗体中的文本框 Text1 的显示内容修改为"800"
Text2.Value=Text1.Value
            '当前窗体中的文本框 Text1 的值传给文本框 Text 2，"Me."可省略
```

2. 方法

方法是对象的动态行为。例如，一只小猫的跳跃、蹲下和抬头等动作，都是小猫这个对象的方法。在 Access 中，数据表、查询、窗体和控件等对象也都具有各自的方法。在 VBA 的代码中，需要使用固定格式的语句调用对象的方法。

调用方法的命令格式：

```
对象.方法名 [参数 1[,参数 2]…]
```

例如：

```
Me.SetFocus             '使当前窗体获得焦点
Me.Text1.Move 100, 200
            '将当前窗体中的文本框 Text 1 移动到左边距 100，顶边距 200 的位置
```

3. 事件

事件是对象对某个动作的响应。当触发对象的某事件时，该事件对应的事件过程会被自动调用，并执行过程中的代码。例如，单击窗体对象时，会触发窗体的单击（Click）事件，此刻系统会自动调用窗体的事件过程（Private Sub 主体_Click()），并执行过程内的所有代码。

常见的事件过程如下。

（1）单击事件（Click）：单击控件时调用 Click 事件过程。

（2）双击事件（DblClick）：双击控件时调用 DblClick 事件过程。

（3）鼠标按下事件（MouseDown）：按下鼠标时调用 MouseDown 事件过程。

（4）鼠标释放事件（MouseUp）：释放鼠标时调用 MouseUp 事件过程。

（5）鼠标移动事件（MouseMove）：在控件上移动鼠标时调用 MouseMove 事件过程。

（6）键按下事件（KeyDown）：按下键盘某按键时调用 KeyDown 事件过程。

（7）键释放事件（KeyUp）：释放键盘某按键时调用 KeyUp 事件过程。

（8）更改事件（Change）：当控件的 Value 属性值发生变化时，调用 Change 事件过程。

（9）获得焦点事件（GotFocus）：当控件获得焦点时，调用 GotFocus 事件过程。

（10）失去焦点事件（LostFocus）：当控件失去焦点时，调用 LostFocus 事件过程。

【例 7.40】创建一个窗体，可在窗体上的文本框中输入字符串，单击窗体上的按钮，计算并显示输入字符串的长度，运行效果如图 7-23 所示。

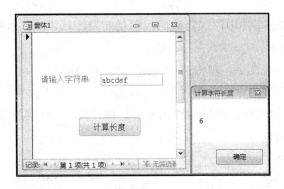

图 7-23　计算并显示字符串长度

操作步骤如下。

（1）单击"创建"选项卡"窗体"组中的"窗体设计"按钮。

（2）单击"设计"选项卡"控件"组中的"文本框"按钮，在窗体的适当位置单击，弹出"文本框向导"对话框，如图 7-24 所示，单击"取消"按钮。这样就为窗体创建了一个文本框控件"Text1"（请确认文本框的名称为"Text1"，否则在"属性表"窗格中将文本框的名称修改为"Text1"，如图 7-25 所示），设置文本框左侧标签的"标题"为"请输入字符串"，如图 7-25 所示。

图 7-24　文本框向导

图 7-25　创建文本框 Text1

（3）利用相同办法，为窗体创建一个"按钮"控件"Command1"（在"属性表"窗格中设置"名称"为"Command1"），设置其"标题"（"Caption"属性）为"计算长度"，如图 7-26 所示。

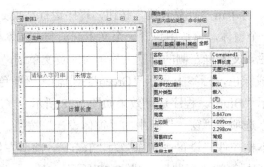

图 7-26　创建按钮"Command1"

（4）在按钮的单击事件中添加代码。代码功能为计算并在文本框中显示输入字符串的长度。具体步骤如下。

① 在窗体的设计视图下，单击选中按钮"Command1"。

② 在"属性表"窗格中，单击"事件"选项卡，单击"单击"右侧的省略号按钮，弹出"选择生成器"对话框，如图 7-27 所示，选择"代码生成器"选项，并单击"确定"按钮。

图 7-27　打开按钮的单击事件过程

③ 弹出 VBA 代码窗口，在 Command1_Click()事件过程中，输入如下代码。

```
Private Sub Command1_Click()
    x=Len(Text1.Value)                '计算文本框字符串长度并赋值给变量 x
    MsgBox x,vbOKOnly,"计算字符长度"   '用消息框显示长度 x
End Sub
```

④ 关闭 VBA 窗口，在 Access 中，单击"开始"选项卡"视图"组中的"视图"下拉按钮，在打开的下拉列表中选择"窗体视图"选项，运行窗体。运行后，在文本框中输入字符串"abcdef"，再单击"计算长度"按钮，程序运行结果如图 7-23 所示。

【例 7.41】创建一个窗体，窗体中包含一个文本框，当在文本框中输入"红色"时，窗体的背景色变成红色，文本框左侧的标签上显示对应英文单词"Red"；当输入"绿色"时，窗体的背景色变成绿色，标签上显示"Green"；当输入"蓝色"时，窗体的背景色变成蓝色，标签上显示"Blue"。程序运行效果如图 7-28 所示。

（1）单击"创建"选项卡"窗体"组中的"窗体设计"按钮。

（2）创建一个文本框控件，设置"名称"为"Text1"；将其左侧标签控件的"名称"设置为"Label1"，清空标签的"标题"，如图 7-29 所示。

图 7-28　输入"绿色"的运行效果　　　　　图 7-29　创建文本框 Text1、设置标签

（3）单击选中文本框，在"属性表"窗格中，单击"事件"选项卡中的"更改"事件右侧的省略号按钮，在弹出的"选择生成器"对话框中，选择"代码生成器"选项并单击"确定"按钮，如图 7-30 所示。

图 7-30　为文本框创建"更改"事件过程

（4）在弹出的 VBA 代码窗口中，输入如下代码。

```
Private Sub Text1_Change()
    If Text1.Text="红色" Then
        Me.主体.BackColor=RGB(255,0,0)    '设置窗体主体背景色为红色
        Me.Label1.Caption="Red"
    End If
    If Text1.Text="绿色" Then
        Me.主体.BackColor=RGB(0,255,0)
        Me.Label1.Caption="Green"
    End If
    If Text1.Text="蓝色" Then
        Me.主体.BackColor=RGB(0,0,255)
        Me.Label1.Caption="Blue"
    End If
End Sub
```

（5）将窗体切换到窗体视图，在文本框中输入"绿色"，运行效果如图 7-28 所示。

例 7.40 和例 7.41 中都使用了文本框，但是使用了不同的属性（分别使用了 Value 和 Text 属性），这两个属性使用的情况是不一样的。Text 属性必须在文本框获得焦点的情况下才能引用，系统会在焦点离开文本框时将最后出现的 Text 值保存为 Value 值，若在焦

点离开文本框后引用其 Text 属性就会报错，所以例 7.40 单击按钮时必须使用文本框的 Value 属性。Value 属性是文本框失去焦点后文本框里的值，或者是文本框获得焦点时输入新值前的原有旧值。

7.5.3　特殊对象 Docmd

　　Access 中有一个特殊的对象：Docmd。它可以通过调用包含在内部的方法，实现对 Access 的其他对象的操作。例如，利用 Docmd 对象的 OpenReport 方法，打开"学生信息"报表，其语句格式为 Docmd.OpenReport "学生信息"；打开"成绩维护"窗体，其语句格式为 Docmd. OpenForm"成绩维护"；打开"教师"数据表，其语句格式为 Docmd. OpenTable"教师"。

　　Docmd 对象的方法大都需要参数。这些参数中，有些是必需的，有些是可选的，被忽略的参数取默认值。例如，上述 Open-report 方法有 4 个参数，调用格式如下。

```
Docmd.OpenReport reportname[,view][,filtername][,wherecondition]
```

其中，只有 reportname（报表名称）参数是必需的。

　　Docmd 对象还有许多方法，可以通过帮助文件查询使用。

习　　题

1. 以下可以作为 VBA 合法的变量名的是（　　）。
   A．Sub　　　　　　B．3x　　　　　　C．x3y　　　　　　D．x$yz
2. 以下不是数值类的数据类型的是（　　）。
   A．Integer　　　　B．Single　　　　C．Double　　　　D．Date
3. 表达式 Mid("student",2,10 mod 4)的返回值为（　　）。
   A．st　　　　　　B．tu　　　　　　C．tude　　　　　　D．stud
4. 以下关于语句"Dim a(5) As Integer"（默认状态）的叙述中，错误的是（　　）。
   A．该语句定义了一个含义 6 个元素的一维数组
   B．数组 a 的每个元素的数据类型都为整型
   C．数组 a 的每个元素初始值都为 False
   D．定义语句中的 5 表示元素的最大下标
5. 以下代码执行完毕后，显示的 s 的值为（　　）。

```
s=10
If s Mod 2=0 Then
    s=s+1
    s=s*2
Else
    s=s+2
    s=s/2
End If
MsgBox s
```

A. 10　　　　　B. 22　　　　　C. 6　　　　　D. 12

6. 以下代码执行完毕后，显示的 d 的值为（　　）。

```
d=Len("")    'len 内为空字符串
Do While d<10
   d=d + 3
Loop
MsgBox d
```

A. 12　　　　　B. 9　　　　　C. 0　　　　　D. 3

7. 以下调用下面过程的语句中，正确的是（　　）。

```
Sub abc(name As String, count As Integer)
   MsgBox name & "今天吃了" & count & "个苹果"
End Sub
```

A. Call abc(4)　　　　　　　　　B. Call abc(张三, 4)

C. abc("张三", 4)　　　　　　　D. Call abc("张三", 4)

8. 以下函数，不能返回 1～500 中的能被 7 整除的整数个数的是（　　）。

A.
```
Function seven() As Integer
   s=0
   For i=1 To 500
      If i Mod 7=0 Then
         s=s+1
      End If
   Next i
   seven=s
End Function
```

B.
```
Function seven() As Integer
   s=0
   For i=500 To 1 step -1
       If i Mod 7=0 Then
          s=s+1
       End If
   Next i
   seven=s
End Function
```

C.
```
Function seven() As Integer
   s=0
   For i=7 To 500 Step 7
      s=s+1
   Next i
   seven=s
End Function
```

D.
```
Function seven() As Integer
   s=0
   For i=7 To 500
      s=s+7
   Next i
   seven=s
End Function
```

9. 以下将文本框 Text1 的高度设置为 200 的语句中，正确的是（　　）。

A. Me.Text1.Height="200"　　　　B. Text1.Height=200

C. Me.Text1.Height is 200　　　　D. Text1.Top=200

附录 函 数

类型	函数名		函数格式	说明	示例
数学函数	绝对值		Abs(<数值表达式>)	返回数值表达式的绝对值	Abs(-8)=8
	取整	Int(<数值表达式>)		返回数值表达式的整数部分，参数为负数时，返回小于等于参数值的第一个负数	Int(2.6)=2 Int(-2.6)=-3 Int(3.1)=3
		Fix(<数值表达式>)		返回数值表达式的整数部分，参数为负数时，返回大于等于参数值的第一个负数	Fix(5.7)=5 Fix(-5.7)=-5 Fix(2.3)=2
		Round(<数值表达式>[,<数值表达式>])		按照指定的小数位数进行四舍五入运算的结果。[<数值表达式>]是进行四舍五入运算时小数点右边应该保留的位数，如果省略位数，默认保留 0 位小数	Round(12.615,1)=12.6 Round(12.615)=13
	平方根		Sqr(<数值表达式>)	返回数值表达式的平方根值	Sqr(16)=4
	符号		Sgn(<数值表达式>)	返回数值表达式值的符号值。当数值表达式值大于 0，返回值为1；当数值表达式值等于 0，返回值为 0；当数值表达式值小于 0，返回值为-1	Sgn(-7)=-1 Sgn(15)=1 Sgn(0)=0
	随机数		Rnd[(<数值表达式>)]	产生一个位于[0,1)区间范围的随机数，为单精度类型。如果数值表达式值小于 0，每次产生相同的随机数；如果数值表达式大于 0，每次产生不同的随机数；如果数值表达式等于 0，产生最近生成的随机数，且生成的随机数序列相同；如果省略数值表达式参数，则默认参数值大于 0	100*Rnd()　　'产生[0,100)的随机数 Int(11*Rnd())　'产生[0,10]的随机整数 Int(Rnd*5+1)　'产生[1,5]的随机整数
	正弦		Sin(<数值表达式>)	返回数值表达式的正弦值	Sin(3.14/2)=0.999999682931835
	余弦		Cos(<数值表达式>)	返回数值表达式的余弦值	Cos(3.14/4)=0.7073882691672
	正切		Tan(<数值表达式>)	返回数值表达式的正切值	Tan(3.14/4)=0.999203990105043
	自然对数		Exp(<数值表达式>)	计算 e 的 N 次方，返回一个双精度值	Exp(5)=148.413159102577
	自然指数		Log(<数值表达式>)	计算以 e 为底的数值表达式的值的对数	Log(1)=0
文本函数	生成空格字符函数		Space(<数值表达式>)	返回由数值表达式的值确定的空格个数组成的空字符串	Space(6)表示 6 个空格字符
	字符重复		String(<数值表达式>,<字符表达式>)	返回一个由字符表达式的第 1 个字符重复组成的指定长度为数值表达式值的字符串	String(5,"k")="kkkkk" String(4,"abc")="aaaa"
	字符串长度		Len(<字符串表达式>)	返回字符串表达式的字符个数，当字符表达式是 Null 值时，返回 Null 值	Len("This is a pen")=13 Len("考试")=2
	字符串截取	Left(<字符串表达式>,<N>)		返回从字符串左边起截取 N 个字符构成的子串	Left("飞机",1)= "飞" Left("abcd",3)= "abc"
		Right(<字符串表达式>,<N>)		返回从字符串右边起截取 N 个字符构成的子串	Right("abcdefg",2)="fg"
		Mid(<字符串表达式>,<N1>,[,<N2>])		返回从字符串左边第 N1 个字符起截取 N2 个字符所构成的字符串。若省略 N2，返回从字符表达式最左端某个字符开始，截取到最后一个字符为止的若干字符	Mid("abcdef",2,3)="bcd" Mid("abcdef",4)="def"

类型	函数名	函数格式	说明	示例
文本函数	删除空格	Ltrim(<字符表达式>)	返回删除左边空格后的字符串	Ltrim(" ok ")="ok "
		Rtrim(<字符表达式>)	返回删除右边空格后的字符串	Rtrim(" ok ")=" ok"
		Trim(<字符表达式>)	返回删除前导和尾随空格后的字符串	Trim(" o k ")="o k"
	字符串检索	InStr([Start,]<Str1>,<Str2>[,Compare])	检索字符串 Str2 在 Str1 中最早出现的位置，返回一整型数。可选参数 Start 为数值表达式，设置检索的起始位置，若省略，从第 1 个字符开始检索。可选参数 Compare 的值可以取 1、2 或 0（缺省值），取 0 表示作二进制比较，取 1 表示作不区分大小写的文本比较，取 2 表示作基于数据库中包含信息的比较。若指定了 Compare 参数，则 Start 一定要有参数	InStr("Tom likes books", "s")=9 InStr(10, "Tom likes books", "s")=15 InStr("books","a")=0 '找不到返回 0
	大小写转换	Ucase(<字符表达式>)	将字符表达式中的小写字母转换成大写字母	Ucase("Tom")="TOM"
		Lcase(<字符表达式>)	将字符表达式中的大写字母转换成小写字母	Lcase("Alice")="alice"
日期/时间函数	截取日期分量	Day(<日期表达式>)	返回日期表达式中日期的整数（1～31）	Day(#2017-9-28#)=28
		Month(<日期表达式>)	返回日期表达式中月份的整数（1～12）	Month(#2017-10-18#)=10
		Year(<日期表达式>)	返回日期表达式中年份的整数	Year(#2017-3-3#)=2017
		Weekday(<日期表达式>)	返回日期表达式中星期的整数（1～7）	Weekday (#2010-9-18#)=6
	截取系统日期和系统时间	Date( )	返回当前系统日期	
		Time( )	返回当前系统时间	
		Now( )	返回当前系统日期和时间	
	时间间隔	DateAdd(<间隔类型>,<间隔值>,<表达式>)	对表达式表示的日期按照间隔加上或减去指定的时间间隔值。<间隔类型>：yyyy-年，q-季，m-月，d-日，h-时，n-分，s-秒	DateAdd("yyyy",3,#2014-2-28#)=#2017-2-28# DateAdd("m",3,#2014-2-28#)=#2014-5-28#
		DateDiff(<间隔类型>,<日期1>,<日期2>[,W1][,W2])	返回日期 1 和日期 2 按照间隔类型所指定的时间间隔数目	DateDiff("yyyy",#12/19/2016#,#2/18/2017#)=1 DateDiff("d", #12/19/2016#, #2/18/2017#)=61
		DatePart<间隔类型>,<日期>[,W1][,W2])	返回日期中按照间隔类型所指定的时间部分值	DatePart("yyyy",#2017-9-18#)=2017 DatePart("d",#2017-9-18#)=18
	返回包含指定年月日的日期	DateSerial(<表达式 1>,<表达式 2>,<表达式 3>)	返回指定年月日的日期，其中表达式 1 为年，表达式 2 为月，表达式 3 为日	DateSerial(2010,4,2) '返回#2010-4-2# DateSerial(2009-1,8-2,0) '返回#2008-5-31#
SQL聚合函数	总计	Sum(<字段>)	求数值字段的总和	
	平均值	Avg(<字段>)	求数值字段的平均值	
	计数	Count(<字段>)	统计字段非空值的个数，即统计记录个数	
	最大值	Max(<字段>)	返回字段的最大值	
	最小值	Min(<字段>)	返回字段的最小值	

续表

类型	函数名	函数格式	说明	示例
转换函数	字符串转换字符代码	Asc(<字符串表达式>)	返回首字符的 ASCII 码	Asc("bcd")=98 Asc("A")=65
	字符代码转换成字符	Chr(<字符代码值>)	返回与字符代码值对应的字符	chr(99)="c" chr(13)=回车符
	数字转换成字符串	Str(<数值表达式>)	将数值表达式转换成字符串，正数前保留一空格，负数前保留负号	str(100)=" 100" str(-16)="-16"
	字符转换成数字	Val(<字符串表达式>)	将数字字符串转换成数值型数字。当遇到空格、制表符和换行符时，直接将其去掉；当遇到非数字字符时，舍弃剩余字符；当字符串不是以数字字符开头时，返回 0	val("318")=318 val("423 45")=42345 val("52ab3")=52 val("ab13")=0
程序流程函数	选择	Choose（<索引式>,<选项 1>[,<选项 2>,…[,<选项 n>]])	当索引式值为 1 时，返回选项 1 的值；当索引式值为 2 时，返回选项 2 的值；依此类推	Choose(2, "a", "b", 30, 50)="b" Choose(3, "a", "b", 30, 50)=30
	条件	IIf(<条件>,<表达式 1>,<表达式 2>)	当条件的值为真（True）时，返回表达式 1 的值；当条件的值为假（False）时，返回表达式 2 的值	IIf(2 > 5, "a", "b")="b" IIf(12 > 5, 88, 99)=88
	开关	Switch（<条件 1>,<表达式 1> [,<条件 2>,<表达式 2>…[,<条件 n>,<表达式 n>]])	返回与条件列表中最先为 True 的那个条件表达式所对应的表达式的值	X=-2 Switch(x>0,"正数",0,"零",x<0,"负数")="负数"
消息函数	输入框	InputBox(提示[,标题][,默认])	在对话框中显示提示信息，等待用户输入正文并按下按钮，并返回文本框中输入的内容（文本型）	InputBox("请输入金额","结账",100)
	提示框	MsgBox(提示[,按钮、图标和默认按钮][,标题])	在对话框中显示消息，等待用户单击按钮，并返回一个整型数值，同时告知用户单击的是哪一个按钮	MsgBox("是否退出?",vbYesNo+vbQuestion,"系统提示")

参 考 文 献

鲍永刚，2014．Access 2010 数据库程序设计基础[M]．北京：科学出版社．

高装裴，张健，程茜，2014．Access 2010 数据库技术与程序设计[M]．天津：南开大学出版社．

谷岩，刘敏华，2014．数据库技术及应用：Access 2010[M]．2 版．北京：高等教育出版社．

教育部考试中心，2015．全国计算机等级考试二级教程：Access 数据库程序设计[M]．北京：高等教育出版社．

吕英华，2014．Access 数据库技术及应用[M]．2 版．北京：科学出版社．

马颖琦，2013．数据库基础与应用：Access 案例教程[M]．北京：清华大学出版社．

施兴家，王秉宏，2013．Access 2010 数据库应用基础教程[M]．北京：清华大学出版社．

郑小玲，等，2013．Access 数据库实用教程[M]．2 版．北京：人民邮电出版社．